全国中等职业技术学校园林绿化专业教材

# 花卉应用

（第二版）

卜复鸣　主编

中国劳动社会保障出版社

**图书在版编目（CIP）数据**

花卉应用/卜复鸣主编．—2版．—北京：中国劳动社会保障出版社，2013
ISBN 978-7-5167-0600-8

Ⅰ.①花…　Ⅱ.①卜…　Ⅲ.①花卉-观赏园艺　Ⅳ.①S68

中国版本图书馆CIP数据核字（2013）第315979号

**中国劳动社会保障出版社出版发行**

（北京市惠新东街1号　邮政编码：100029）

*

北京市白帆印务有限公司印刷装订　　新华书店经销

787毫米×1092毫米　16开本　10.75印张　214千字

2014年1月第2版　　2026年 1月第3次印刷

**定价：27.00 元**

营销中心电话：400-606-6496

出版社网址：http://www.class.com.cn

http://jg.class.com.cn

# 简介

本教材为全国中等职业技术学校园林绿化专业教材，由人力资源和社会保障部教材办公室组织编写。

教材在介绍花卉应用基本原则和常见形式的基础上，着重讲解了花卉在室内、室外和花卉专类园三种典型环境中的具体应用。主要内容有常见插花的造型技巧、基本技法和花卉装饰技巧，室外花坛、花镜和花卉专类园的设计、施工及养护管理方法。教材在每章都设置了“实训”环节，学生通过实际操作，可以加深对所学内容的理解，提高动手能力和解决实际问题的能力；每章后的“思考练习题”可以帮助学生进一步巩固所学知识和技能。教材配有电子课件，可登录www.class.com.cn在相应的书目下载。

本教材由卜复鸣任主编，谢兰曼、汤坚参加编写，陈汉民、马建伟审稿。

# 目录
# CONTENTS

# 绪论

## 一、课程的性质、内容与任务

花卉应用是指把具有观赏价值的草本和木本植物，包括地被植物、花灌木、开花乔木、盆景以及温室观赏植物等应用于城市建设中的园林绿地、生态环境建设，以及科普教育和室内的美化布置等。它不但可以美化室内外环境，而且还有利于改善人们生活情趣和提高人们的生活质量，是现代文明生活中的一部分。

花卉应用是园林绿化专业一门重要的专业课，具有很强的知识性和实践性。其内容包括室内外环境的花卉布置与设计以及各类专类园的布置与设计。通过这门课程的学习，学生能够掌握花卉应用设计的基础理论和基本方法，掌握花卉在室内外环境，包括各类专类园的花卉布置与设计的技能。花卉应用的前修课程为《植物基础知识》《园林花卉知识》《园林植物生产技术》等。

## 二、花卉应用的目的和意义

从历史上看，对花卉的应用是农业经济和农耕文化发展到一定高度的产物。花卉是色彩的来源，也是季节转化的一个重要标志，不但反映了大自然的天然之美，更是人们美好生活的象征，体现了人类的精神文明。人们栽种花卉形成各种不同的植物景观，以呈现出四时之景、朝暮之息。古人把玉兰、海棠、牡丹和桂花配植在一起，取其谐音，称之为“玉堂富贵”；把松、梅、竹栽种在一起，号为“岁寒三友”。在物质生活丰富的今天，花卉的应用极为广泛，从美化居室、探望病人、礼仪交往到外环境的装饰、布置等方面，发挥着重要的观赏和礼仪媒介作用。

随着工业的发展和城市规模的不断扩大，生态环境遭受的污染和破坏越来越严重，甚至影响着人类的生存条件、生活质量和身体健康，因此，加强环境保护和生态建设是当今的重要课题之一。为了保护和改善生态环境，人们将更多的绿色观赏植物应用到现代城市建设中去，而花卉在城市建设中的应用，对改造和提高城市生态环境质量，提升城市生态景观有着独特的景观价值和美学价值，具有经济、社会、环境等多方面的意义。

## 三、花卉应用的现状和发展趋势

我国地域辽阔，南北气温差异很大，植物分布具有明显的地域特点，植物种类丰富，是世界公认的“花卉宝库”，并有“世界园林之母”的称誉。我国是多种名花的故乡，不但品种繁多，而且应用极为广泛，还赋予了特定的象征意义，如梅花的栽培大约起于殷商，除了实用之外，更多的是作观赏用；梅花花开五瓣象征五福，早在唐宋时期就传入朝鲜、日本，其品种目前已有300多个；菊花品种更是有3 000个左右；全世界的杜鹃约有800余种，我国就有600余种；从16世纪开始，世界各国的植物学家纷纷来华搜集引种花卉品种，大大丰富了各国尤其是欧洲国家的花园、公园的四季景色，为世界花卉业作出了贡献。但清末以后，因国力的衰退，我国花卉业的发展缓慢，花卉的应用停滞不前，花卉的消费水平很低。改革开放后，随着综合国力的不断提升，我国的花卉业有了前所未有的发展，花卉的应用形式日益丰富，宿根、球根等花卉应用增多，但主要集中在经济发达的沿海地区。进入21世纪，随着花卉业流通大市场的形成，国家生态园林城市的创建，人们更加注重利用生态学原理，充分利用乡土植物和花卉的应用，以建设体现本土地域特色的，融生态、保健、 科学、文化和艺术为一体的宜居生态环境和美好的城市景观，这也是今后现代园林发展的主要方向。 因此，学生不但要掌握花卉在室内外环境中的应用技能，更要掌握先进的理念，加强乡土植物资源的开发利用，用生态学的原理去营造适合人居的植物景观。

## 四、花卉应用的学习方法和目标

花卉应用作为专业主干课程，首先要求掌握各种花卉的形态特征和生长习性知识。其次，本课程理论性较强，如插花、花坛、花境、岩石园的应用和设计都涉及艺术、美学等方面的基本原理，因此还需从其他相关学科中汲取营养，丰富自己的理论知识，提高自己的艺术品位和美学修养。并通过实践教学环节，学习基本技能和方法。在实践中要吃苦耐劳，获得实践经验，丰富自己的才智。学习中要多观察，能发现问题，利用已有的理论知识和实践知识提出解决问题的方法，并注重调查，做学结合，最终熟练掌握花卉应用的理论知识和实践操作技能。

# 第一章　花卉应用概述

### 学习目标

- ◆了解花卉应用的中外发展简史
- ◆熟悉花卉应用的各种常见形式
- ◆掌握花卉应用的基本原则

## 第一节　花卉应用简史

人类对于花卉应用的历史可追溯到遥远的石器时代，在中国浙江余姚的河姆渡文化遗址中，曾出土两块刻有万年青状植物（图1—1）的陶块，而在公元前14世纪的埃及墓葬中也有睡莲和纸草的插花绘画（图1—2），至公元前5世纪的古希腊时代，已有侍女以爱神木（属桃金娘科植物）的瓶花献给新娘的习俗。在我国最早的诗歌总集《诗经》中也有“维士与女，伊其相谑，赠之以芍药”的记载。

图1—1　刻有万年青状植物的陶块

图1—2　埃及墓葬中睡莲和纸草的插花绘画

### 一、先秦时期的花卉应用

先秦时代是我国花卉应用的始发期，早在西周时就出现了“园圃毓草木”的记载，

说明当时已在园圃中培育花木了。《诗经》中记载有130多种植物，其中不少是花卉，如荷花、芍药、唐棣、桃花、菊花等，并叙述了许多有关花木的故事，比如“彼泽之陂，有蒲与荷”（《陈风·泽陂》）表现了香蒲与荷花的共生生态环境。

先秦时代对于自然美的“比德”，尤其《诗经》中有大量对植物美的描写，如“桃之夭夭，灼灼其华”（《周南·桃夭》），“昔我往矣，杨柳依依”（《小雅·采薇》），等等，以及孔子以松柏比拟君子之德风、以芷兰而自比，屈原之“纫秋兰以为佩”的“以情移物”式的自我标榜等。这些都对以后的花卉应用产生了深远的影响。

## 二、秦汉南北朝时期的花卉应用

秦汉时期是我国花卉应用的渐盛期，上林苑是秦的旧苑，秦始皇、汉武帝时均加以扩建。据记载，汉武帝在苑中广植奇花异木，各地进献的名果和奇异花卉有3 000余种，其中梅花就有侯梅、朱梅、紫花梅、同心梅、胭脂梅等。

汉代，因“柳”与“留”谐音，人们常以折柳送客来表达“留”恋之意，考古发现，河北望都东汉墓壁上的绘画是一圆盆内栽有六枝红花。至南北朝，花卉得到了普遍的应用，陆凯《赠范晔》诗曰：“折梅逢驿使，寄与陇头人。江南无所有，聊寄一枝春” 。以梅花馈赠友人，以示思念之情。而北周诗人庾信的“春色方盈野，枝枝绽翠英。依稀映村坞，烂漫开山城。好折待宾客，金盘衬红琼”，则描写的是将春野中所折之花盛于铜盘，以待宾客的情景。中国的插花，其起源与佛教在六朝时的盛行是分不开的，据《南史·齐武帝诸子传》记载：晋安王子懋的母亲病笃，请僧行道，“有献莲花供佛者，众僧以铜罂盛水渍其茎，欲花不焉”。

## 三、隋唐时期的花卉应用

隋唐是我国花卉应用的繁荣时期，隋炀帝好牡丹和琼花。到了唐代，插花已经进入宫廷和府第，并已成为富有的象征和附会风雅的玩物，刘禹锡在《赞枸杞诗》中说：“翠黛叶生笼石翁，殷红子熟照铜瓶”，反映了人们对插花的偏爱。而唐代画家周昉的《簪花仕女图》则生动细腻地刻画了当时仕女们喜欢在发髻上插戴牡丹等花朵的形象（图1—3），敦煌壁画中也出现了插花的画面。唐人罗虬所著的《花九锡》中对当时的插

图1—3　簪花仕女图

花所用的花器、剪刀、浸水及花台等都做了记载。五代时的南唐后主李煜每逢春暖花开之际，于梁栋窗壁之上，饰以鲜花，并作隔筒，密插杂花，供人观赏。

## 四、宋元时期的花卉应用

宋元时插花艺术进入了兴盛时期，欧阳修《洛阳牡丹记》云："洛阳之俗，大抵好花，春时，城中无贵贱皆插花。"而张帮基的《墨庄漫录》中所说："两京牡丹闻名天下，花盛时，太守作万花会。宴集之所，以花为屏障，至梁、栋、柱、拱，以筒储水，簪花钉挂，目皆花也。"可见当时用花的规模之大。南宋"画院待诏"李嵩所画的《花篮图》（图1—4），在藤编花篮中，各种春花形体硕壮、色彩华丽、庄重大方，装饰趣味极其浓厚，为南宋时期盛行于宫廷之中的院体花的代表之作。元代异族入侵，多数文人骚客借花明志、消愁，因而产生了心象花，以表达内在之冥想，舒心中之积郁。同时从元代画家钱选所作的牡丹盘花图、双体花，以及元画中的端午节庆插花（图1—5）等作品中可见花卉应用形式多样、各具特色。

图1—4 花篮图

图1—5 元画中的端午节庆插花

## 五、明清时期的花卉应用

到了明清时期，随着插花的盛行，花卉的应用发展到了鼎盛时期。许多文人墨客在诗画小说中多以此为描写对象，有关插花的专著也随之出现。其中公安派文人袁宏道（1568—1610年）于明万历二十七年（1599年）春所著的《瓶史》，是中国历史上第一部系统论述插花艺术的专著。该书于1696年被译为日文，成为日本花道发展的圭臬。袁宏道的《戏题黄道元瓶花斋》诗云："朝看一瓶花，暮看一瓶花。花枝虽浅淡，幸可托贫家。一枝两枝正，三枝四枝斜。宜直不宜曲，斗清不斗奢。傍拂杨技水，入碗酪奴荼。以此颜君斋，一倍添妍华。”虽寒斋斗室，亦以插花为玩。同为万历年间张谦德所著的《瓶花谱》也是一部有关插花的专著。其他如文震亨的《长物志·瓶花》、屠隆的《考槃余事·瓶花》等，都对插花艺术进行了阐述。明代花卉的应用更为广泛，从厅堂到书斋、庭园，更强调与环境之间的联系。清初仍承袭明代的风格，但在插花上更注重技巧，讲究裁枝和曲枝，陈淏子在《花境》养花瓶插法中对各种花枝的剪取、处理、保鲜方法以及不同形式和大小的插瓶应用等都作了论述。而沈复在《浮生六记》中有“插座”的制作材料和方法的记载，对花卉的装饰、应用有了更高的审美意识以及创作和尝试。清代有关插花和花卉应用的文字、插图以及绘画作品不胜枚举，如《红楼梦》第五十回中说道：“一语未了，只见宝玉笑嘻嘻的捧着一枝红梅进来，众丫鬟忙接过，插入瓶内。……原来这枝梅花足有二尺来高，旁有一横枝纵横而出，约有五六尺长，其间小枝分歧，或如蟠螭，或如僵蚓，或孤削如笔，或密集如林，花吐胭脂，香欺兰蕙，各各称赏。”这是中国文人对花卉在现实生活中的应用的真实写照。

中国的插花源远流长，在不同的社会环境中形成了各具特色的插花形式，目前我国的花卉应用和插花事业已进入了一个崭新的发展阶段。

## 第二节　花卉应用的常见形式

花卉作为园林绿化的重要植物材料，不仅种类繁多、花色鲜艳，观赏价值高，而且可供多方面配置使用，无论是在陆地还是水面，只要能合理应用，就能创造出一个优美、清新、舒适的环境。而要创造这样一个环境，可以通过各种花卉应用形式来达到，常见的花卉应用形式主要有盆花盆栽布置、艺栽、盆景、插花、花坛花境、草坪等。

### 一、盆花盆栽布置

盆花是花卉应用中一种很常见的形式，除了可以配合草花布置花坛、花带、花境以外，还普遍应用于公园、广场、公共建筑物内以及会场等的布置。一般居民住宅也可用盆花装点室内，美化环境。

一般来说，所有花卉都可进行盆栽，但并非所有花卉都适于作盆花布置。对盆花的基本要求：一是花期长，花朵鲜艳夺目或有香气等，具有较高的观赏价值；二是在盆栽条件下，能正常生长发育。只有同时具备这两个条件的花卉，才适于作盆花。

充分认识和掌握各种盆花的栽培习性，对于盆花的应用有着重要的意义。只有满足盆花所需要的正常生长发育条件，才能达到预期效果。

#### 1. 盆花的分类

（1）依据盆花的形态分类

1）直立型盆花。植株生长向上伸展，大多数盆花属于此类。如一品红、仙客来、鸢

尾、杜鹃等，是环境布置的主体材料（图1—6）。

2）匍匐型盆花。植株向四周匍匐生长，有的种类在节间处着地生根，如美女樱、吊竹梅、吊兰等，是覆盖地面和作垂吊观赏的良好材料（图1—7）。

3）攀缘型盆花。植株具有攀缘性或缠绕性，可借助其他物体向上攀缘，如绿萝、长春蔓、文竹等，可美化墙面（图1—8）、阳台等，也可以各种造型营造特定的艺术氛围。

4）水生型盆花。一些水生型植物，如睡莲、荷花、水竹芋（图1—9）等，常用缸、钵等陈设。

图1—6　直立型盆花

图1—7　垂吊观赏的盆花

图1—8　墙面上的攀缘植物

图1—9　水竹芋

（2）依据盆花的耐阴程度分类

1）耐阴盆花。能适应室内条件，可供室内观赏。属于这类的花卉有棕竹、八角金盘、常春藤、棕榈、龟背竹、苏铁、万年青、麦冬、龙舌兰、吊兰、八仙花、兰花、文竹、旱伞草、君子兰、蕨类等。

2）较耐阴盆花。此类盆花耐阴程度比上一类稍差，一般在室内陈列的时间没有耐阴盆花长。这类花卉有南洋杉、柑橘类、南天竹、文殊兰、桂花、夹竹桃、凤尾兰、枸骨、山茶花、秋海棠等。这类盆花在冬季仍需相当的日光照射。

3）不耐阴需充足阳光的盆花。此类盆花在室内陈列时，要求阳光充足和空气流通，在较好的养护下才能保持观赏效果。这类盆花有三角花、米兰、丁香、大岩桐、瓜叶菊、梅花、月季、一品红、扶桑、茉莉、变叶木、朱顶红、马蹄莲、蒲包花等。

4）露地草花。绝大部分露地草花需要生长在阳光充足的条件下，不适宜室内环境。属于此类的花卉有一串红、鸡冠花、石竹、紫罗兰、风信子、百合、郁金香、水仙、五色椒、金盏菊、荷花、睡莲、牵牛花、美人蕉、凤仙等。

总之，不同花卉的耐阴程度是不同的。加之不同季节室内温度的高低、光线的强弱、空气的流通等情况都有所不同，因此，在盆花的养护和应用上，还要根据盆花的习性和具体环境条件来作适当处理。

### 2. 盆花的主要应用形式

盆花在室内外的应用和陈设方式，大体上可分为规则式、自然式、镶嵌式、悬垂式及组合式等。

（1）规则式。以图案或几何样式进行布局，利用同等体形、同等大小和高矮的植物材料，以行列及对称均衡的方式组织分隔和装饰空间，使之充分体现图案美的效果，显示庄严、雄伟、简洁、整齐。

（2）自然式。以突出自然景观为主。这种配置方法占地面积大，适宜大型公共场所及宾馆，把瀑布、山泉、假山、廊、亭引入厅室，营造出如真山真水的境界。

（3）镶嵌式。在墙壁及柱面适宜的位置，镶嵌上特制的半圆形盆、瓶、篮、斗等造型别致的容器，栽上一些别具特色的观赏植物，以达到观赏目的。

（4）悬垂式。利用金属、塑料、竹、木或藤制的吊盆、吊篮，栽入具有悬垂性能的植物，悬吊于窗口、顶棚或依墙依柱而挂，枝叶婆娑，线条优美多变，以点缀空间，增加气氛。

（5）组合式。把以上各种手法灵活加以运用，利用植物的高低、大小及色彩的不同把它们组合在一起，如同插花一样，随意构图，形成一个优美的图画，但要遵循高矮有序、互不遮挡的原则。

### 3. 盆栽布置

盆栽的概念比较宽泛，除了观赏花果等外，绿色观叶植物是盆栽的主要形式，“万

绿丛中一点红”是人们用来形容大自然美妙景观的贴切词句。优美的自然景观主要是用青翠的绿色来呈现的，红色只起着画龙点睛的作用。人类虽生活在五彩缤纷、绚丽多彩的自然环境中，但欣赏绿色植物之美是人类的天性。

绿色观叶植物是活生生的有生命的物体，它们遵循自然规律，人们可以通过绿色观叶植物感受到大自然的气息，感受到有节奏的生命韵律。它们无时无刻不向人们展现生命的活力，使人心旷神怡，陶冶人的情操，启迪人的斗志，鼓励人们去拼搏、去奋斗、去开拓、去创造。

绿色观叶植物以观叶为主，而且能够长时间或较长时间在室内条件下正常生长发育。目前常见的绿色观叶植物主要有：天南星科的广东万年青、观音莲、花叶芋、龟背竹、春羽、绿萝、合果芋等；龙舌兰科的金边龙舌兰、朱蕉、巴西木、星点木、虎尾兰、象脚丝兰、酒瓶兰等；凤梨科的美叶光萼荷、金边凤梨、水塔花、姬凤梨、果子蔓、铁兰等；爵床科的金脉单药花、白网纹草、枪刀药等；还有竹芋、椒草、常春藤、八角金盘、文竹、一叶兰、吊兰、棕竹、散尾葵、吊竹梅、橡皮树、榕树、蟆叶秋海棠、球兰、紫鹅绒、冷水花、虎耳草、南洋杉、马拉巴栗、苏铁、肾蕨、鸟巢蕨等。

绿色观叶植物目前较多地应用于室内的绿化装饰，但这是在特定的条件下进行的一种艺术处理，既受空间和时间的限制，又受到室内其他陈设、壁色、光线等综合因素的影响。好的设计构图，应该使植物本身的特性与周围的陈设、环境及需要相互协调，融为一体，使之具有韵律和节奏感，犹如回归到大自然。如家庭绿化装饰，门厅较宽敞，可摆放马拉巴栗、散尾葵、鹅掌柴等大型植物，增加气派；客厅的角落和沙发的拐角处，可摆放中至大型的植物，如橡皮树、龙血树等；墙上则可用常春藤、黄金葛等观叶植物做成壁挂。在办公室桌子上可放置小型盆栽观叶植物，以舒缓工作的疲劳和压力。

## 二、艺栽

所谓艺栽，就是把若干种独立的植物栽种在一起，使它们成为一个组合整体，以欣赏它们的整体美。由于艺栽色彩丰富，花叶并茂，极富自然美和诗情画意，能给人以一种清新和谐的感觉，达到了提高盆花观赏效果的目的。

艺栽在国外已较为盛行，称为组合盆栽，但是在国内栽培还较少，目前在一些大城市开始流行，是一种技术含量较高的盆花栽培形式。与盆景相比，艺栽无论在植物材料选用，还是器皿类型上都

图1—10　艺栽

有更大的随意性，与插花及切花饰品相比，使用上更有耐久性（图1—10）。

艺栽是伴随现代紧张、拥挤的都市生活而出现的一种花卉装饰形式。它体量小巧，可充分利用窗前、门廊、过厅和角隅的各个空间，所使用的器皿也多具有自然情趣和充满生活气息，如蚌壳、陶盆、树根等。构图及设计形式上随意性大、个性突出，一件艺栽饰品常常表现出主人的情趣或家庭的特点，并可根据季节的变化、陈列地点的不同，移动位置和重新布局，把大自然的景观引进有限的居住空间。

艺栽创作必须具有园艺栽培和插花艺术两方面的知识，同时还需掌握把两者结合起来的技巧。首先，应根据艺栽的主题，选择1～2种主体植物（一般为观叶植物），再选出与主体植物习性相似，但在叶色、叶形上又有一定差异的1～2种植物（一般为观花植物）；其次，选择与植物相协调的容器，要求色彩、形状、质地能够较好地表达艺栽的主题；最后，根据选好的植物、容器，画出草图，应尽可能多设计几种方案进行比较，选出较好的方案，然后根据方案进行制作。若不设计，拿来就做，不合适再拆，容易使植物伤根，使花枝折断，既浪费时间又浪费植物材料。

## 三、盆景

盆景是诗、画、园艺、美学、雕塑、制陶等交融而成的造型艺术，也是我国古老、独特的一种造型艺术。它以盆为“纸”，以树木山石等材料为“绘”，运用“缩地千里”“以小见大”“以少胜多”“繁中求简”等艺术手法，把自然界的风姿神采、秀山丽水缩于盆钵之中，使人产生“一峰则太华千寻，一勺则江湖万里”的观感，并且采取特殊的园艺栽培技术，在盆盎之中再现大自然的神韵。所以，盆景被称为“无声的诗、立体的画”。

盆景能美化、绿化人们的工作、生活环境，丰富人们的文化生活。经常观赏盆景能陶冶人的情操，提高文化艺术修养，增长知识，从而有益身心健康。国际间通过盆景艺术展览、交流，可增进各国人民之间的友好往来，加深了解。可以说，雅俗共赏的盆景艺术越来越受到各国人民的喜爱，目前已成为一门世界性的艺术。

盆景主要有树木盆景和山水盆景两大类。

### 1. 树木盆景

树木盆景简称桩景，是以树木为素材，运用缩龙成寸的艺术手法，通过修剪、蟠扎的整形加工和精心培育，使其茎干矮小、枝丫虬曲、悬根露爪、姿态苍老，在咫尺盆中再现大自然奇古老树、山林野趣的艺术作品。

### 2. 山水盆景

山水盆景以山石和水为主，在浅口盆中，配置草木、人物和其他装饰物等，模仿秀丽和雄伟的自然景色，构成立体的山水画。

此外，还有一些其他盆景形式：

（1）微型盆景。又称掌上盆景，因它的盆钵不超过手掌而得名。目前微型盆景已成为盛行于世界的盆景样式之一，受到各国盆景爱好者的青睐。随着时代的发展，人口的增加和城市的现代化，城市楼房林立，可用于绿化的空间越来越少，在室内更难见绿色植物，在这种情况下，微型盆景得以迅速发展。目前我国出口的盆景中，微型、小型盆景占有相当大的比重。

（2）挂壁盆景。它是把贝雕等工艺品制作的技艺和形式与盆景艺术相融合而产生的一种新样式的盆景。挂壁盆景常把长方形的特制塑料容器挂于墙壁之上，在盆内粘贴山石，或栽种植物，或放置形态逼真的塑料植物。其形式新颖，不占用地面和桌面，而且与室内家具相协调，观赏效果极佳，深受人们的欢迎。

（3）立式盆景。它是把用于盆景的盆钵竖立起来，放于几架上，在盆面粘贴山石，或栽种草木。其优点是移动方便，便于观赏和管理。

（4）云雾山水盆景。它是把现代化的电子技术与古老的山水盆景艺术融为一体的一种艺术形式。除了具有观赏价值之外，还有实用性。加水通电后，山峰被云雾缭绕，将千姿百态的山水盆景变成扑朔迷离的神话般仙境，使静态的盆景增加了动态之美。云雾中的水分子散布在空气中，起到了加湿作用。

## 四、插花

插花艺术是表现植物自然美的造型艺术，也是自然美与人工装饰美的结合，是人类对自然景观的再创造。主要是依靠生动优美的形象和作者赋予的情感给人一种感染力，因此学习插花艺术有陶冶情操、提高文化素养、修身养性的作用。日本民间所推崇的“花道”目的也在于此。

插花作品的特点是制作方便、装饰性强和观赏效果好，普遍受到广大群众的喜爱，居室装饰、馈赠亲友、探视病人、婚丧嫁娶用插花已成为时尚。另外，国家的重要活动，如接待外宾、欢迎贵客，在礼仪场所也普遍用插花来烘托气氛，传达感情。大型会议、文艺演出和运动会也少不了插花作品。还有商业用花，如商场开业、宾馆、饭店和办公楼的环境美化，用插花来装饰已经蔚然成风。

## 五、花坛

花坛是指在一定范围的畦地上按照整形或半整形的图案，栽植观赏植物以表现花卉群体美的园林设施。

花坛按形态分类可分为立体花坛和平面花坛。平面花坛又可按构图形式分为规则式、自然式和混合式三种。花坛按表现形式还可分为花丛花坛、模纹花坛和混合花坛。按运用方式可分为单体花坛、连续花坛和组群花坛。

（1）花丛花坛

以观花草本花卉花朵盛开时，花卉本身华丽的群体为表现主题。选用的花卉必须开花繁盛。

（2）模纹花坛

应用各种不同色彩的花叶兼美的植物来组成华丽的图案纹样表现主题，最宜居高临下观赏。

（3）混合花坛

花丛花坛和模纹花坛的混合，兼有华丽的色彩和精美的图案。

由许多个花坛组成一个不可分割的构图整体，称为花坛群。其排列组合是规则的，独立花坛、雕塑、喷泉、水池等可用于构图中心。它适宜布置在大面积的建筑广场中央和大型公共建筑的前方。

对于宽度在1 m以上，长度比宽度大3倍以上的长形花坛，称为带状花坛。可用于连续风景构图的主体，作为观赏花坛的镶边，或作为道路两侧、建筑物墙基的装饰。

## 六、花境

花境是以多年生花卉为主组成的带状地段，花卉布置采取自然式块状混交，以表现花卉群体的自然景观。其平面轮廓与带状花坛相似，植床两边是平行的直线或是有几何规则的曲线。

花境表现的主题是观赏植物本身所特有的自然美，以及观赏植物自然组合的群落美，所以构图不是为了几何平面图案的美，而是为取得植物群落的自然景观之美。

花境可分为单面观赏和双面观赏两种。单面观赏的花境多布置在道路两侧，建筑、草坪的四周；两侧观赏的花境，多布置在道路的中央。花境在园林中可广泛运用。

## 七、草坪

用多年生矮小草本植株密植，并经人工修剪成平整的人工草地称为草坪，不经修剪的长草地域称为草地。18世纪中叶，英国自然式风景园出现以后，园林中开始大面积使用自然式草坪。大片的绿色草坪给人以平和、凉爽、亲切，以及视线开阔、心情舒畅之感。不论男女老幼都喜欢在草地上躺一躺、坐一坐，或仰望蔚蓝的天空，或呼吸清新的空气。

### 1. 依据草坪的用途分类

（1）游憩草坪。供人们散步、休息、游戏及户外活动用的草坪。

（2）观赏草坪。不允许游人入内，专供观赏。

（3）运动场草坪。可进行各种体育活动。

（4）交通安全草坪。主要铺设栽植在陆路交通沿线，尤其是高速公路两旁以及飞机场的停机坪上。

（5）保土护坡的草坪。用以防止水土冲刷，防止尘土飞扬。

### 2. 依据草坪的外形分类

（1）规则式草坪。不仅平整，而且外形为整形的几何轮廓，一般铺设栽植在规则的场合，如作花坛、花境、道路的边缘装饰。

（2）自然式草坪。表面波浪起伏，外形轮廓曲直自然。多铺设栽植在森林公园或风景区空旷、半空旷的地段。目前，自然式草坪在现代园林中的运用日趋广泛。

## 八、近年开发利用的新品种和布置形式

### 1. 植物品种的开发与利用

盆花作为一种常见形式被广泛应用，特别是在国庆花坛中起到极其重要的作用。以前如一串红、万寿菊、鸡冠花、百日草、彩叶草等用得比较多，而近几年随着生活水平的提高，人们的审美要求也不断提高，这就要求园林绿化部门在布置节日花坛时，除了设计方案的新颖以外还应使用一些新优花卉品种。除前面介绍过的品种外，还包括日本小菊（黄、红）、悬崖菊、四季海棠、非洲凤仙、藿香蓟、垂盆草等，此外，叶子花、一品红、苏铁、槟榔竹、散尾葵、龙柏、黄杨、九里香等大型观花观叶植物也得到了应用。

除了盆花以外，还有一些新优花材在劳动节、国庆花坛中得以推广运用，有很多是从国外引进的新品种或优质品种，如四季海棠、彩叶草、三色堇、长寿花、矮牵牛、非洲凤仙、百日草等。这些新优花卉提供了丰富的花色、花形和植株形态，特别是矮生型多花头的品种在近年大受欢迎，它代替了以前单一使用五色草之类材料制作的主体造型，从而使花坛色彩清新、明快，效果更加喜庆、热烈。

只有不断地开发利用新的植物材料，使这些材料在应用上更能体现出时代特征，才能不断地被人们所接受、欣赏。比如说近几年才出现的一种地被植物——过路黄，目前就被广泛运用于一些要求快速成型的草坪上。作为一种良好的草坪替代物，它并不耐践踏，但却有着极佳的视觉效果，一眼望去满目金黄，非常舒服。

近年来在家庭中出现的一种盆栽观赏蔬菜也逐渐被越来越多的人所喜爱。观赏蔬菜是指具有优雅轻盈的株态、奇特美丽的外形、绚丽多彩的色泽，既可作为蔬菜食用，又体现出极强观赏价值的某些蔬菜。观赏蔬菜可作为微型盆景点缀居室，将庭院、阳台装扮得葱绿嫣红，营造出一个轻松浪漫、甜蜜温馨的私家花园，给人以美的体验和感受。

居室的特殊环境条件对观赏蔬菜有一定的限制，常用于居室微型栽培观赏的蔬菜品种主要有：

（1）盆栽番茄。微小型品种，株高、株冠均16厘米左右，叶形为羽状复叶，植株形象古朴，酷似“盆景”，果实小巧美艳，恰似樱桃、珍珠，口感极好，可作配菜装点水果盘。

（2）彩叶莴苣。近年来，彩叶莴苣以其艳丽的色彩、丰富的营养，在世界上流行

起来，深受人们青睐。它是菊科莴苣属的一种草本植物，目前主要栽培品种有汉城红、赤皇、红翠莴苣等。其叶形、叶色变化丰富，营养价值高于一般叶用莴苣。

（3）袖珍南瓜。属中国南瓜中的品种，生长强健，适应性很强，管理容易。它的根系十分强大，单果重在1.5千克以下，果形各种各样，多为圆筒形、球形或扁圆形等。主要品种有东升、一品、万福、仙姑、吉祥、如意、胜栗、绵栗等。

除了上述几种外，还有茄子、生菜、佛手瓜、薄荷、鱼腥草等十几个品种。它们可以浓缩自然景色，直接搬入庭院、阳台、居室，可以时时观赏，令人赏心悦目。

此外，近年来芳香植物也独树一帜。除常见的薰衣草外，柠檬百里香、芳香天竺葵、斑叶金钱薄荷等新品种也都逐渐被大众所接受和喜爱，在市场中供不应求。

### 2. 不断开发利用新的技术手段

近年来，花卉应用技术融合了不少新技术，并在实践中不断完善和提高。这些技术主要有：

（1）主体缀花造型技术。规格统一的PVC卡盆种植钵和各种钵床，解决了以前盆花需现下盆、打蒲包，再将土球插入槽架的复杂工序，使一些适合主体造型的花材可进行规模化生产，且便于现场安装到位。目前，四季海棠、日本小菊、矮牵牛、非洲凤仙、银叶菊、藿香蓟等已成为主体缀花造型的主要材料。

（2）微灌技术。微灌和微滴灌技术自1997年试用以来，经反复测试、研究，已达到定时、均匀、无堵漏的技术要求，近两年开始广泛使用。尤其是微滴灌技术，通过PVC管件和滴头，使龙头直供每一盆水，这样就使浇水更精确，更节水。此项技术易于安装，便于控制，解决了大型花坛花材养护上的难题，从而推动了主体缀花造型技术的推广应用。

（3）全方位主体照明技术。夜景照明一方面使游人能在夜晚观赏花坛从而提高花坛使用价值，另一方面创造了丰富多彩的灯光效果，真正达到“白天赏花、夜晚观灯”。近年使用较多的灯具类型主要有：金卤投光灯、泛光灯、五线跑马灯、镁氖灯、水下灯、霓虹灯、椰树灯、频闪灯、玫瑰灯等。

（4）计算机辅助设计。20世纪90年代中期，计算机辅助设计技术在许多领域已日渐成熟，而在园林行业还处于起步阶段。从1997年起，AutoCAD、Photoshop、3D Max及CorelDraw等设计软件综合运用于一些花坛设计及花坛应用方面，取得了很好的效果，在方案审定和施工环节中也发挥了很大的作用。

（5）先进的施工工艺。施工工艺的改善确保了施工安全和工期。例如在节日花坛施工时，由于大部分花坛在施工期间场地不封闭，同时又是多专业多环节作业面同时展开，因此需要先进的施工工艺、统观全局的总体指挥和精密细致的施工组织安排。为尽可能减少现场作业量，很多花坛的主体结构加工作业都是安排在后方完成，整体运输、现场吊装就位后，再缀花、安装微滴灌管线和照明灯具。这些新技术的推广应用以及大型运输、吊装等机械设备的配置，使施工工艺比以前有很大改善，施工周期明显缩短。

## 第三节 花卉应用的基本原则

花卉在园林和城市建设中的应用形式多样，除了和其他造型艺术一样必须遵循艺术美的规律外，还必须在充分了解其生态习性的基础上，建立稳定的人工植物群落，创造独特的生态美、科学美、艺术美相统一的完美景观，给人以美的享受。

### 一、科学性原则

花卉的应用与设计首先应该遵循的是科学性原则。花卉是有生命力的有机体，每一种花卉对生态环境都有特定的要求，在利用花卉进行景观设计时必须要满足它的生态要求，实现与环境的统一，使它在正常生长的基础上保持一定的稳定性，从而发挥园林花卉的各种功能和效益，达到预期的景观效果。

#### 1. 满足花卉的生物学特性和生态习性要求

花卉的生物学特性主要是指它的生长发育规律，也就是花卉从种子萌发到幼苗，再到开花结果，直到死亡的整个生命过程。而生态习性则是指花卉对环境条件的要求和适应能力。如红花酢酱草（Oxalis corymbosa）是一种多年生的宿根草本花卉，它具有球形根状茎，在炎热的盛夏则生长缓慢或休眠，一般在4月中旬到11月上中旬开花，小花繁多，烂漫可爱，广泛应用于花坛、花境以及作林下地被植物等。但它原产在巴西，既不耐寒，又忌炎热，因此在应用上，应选择向阳而温暖湿润的适生环境，只有这样，它才会叶子茂密、碧绿青翠，株丛稳定、线条清晰，极富自然景观（图1—11）。再如水生花卉，由于长期生活在水环境之中，所以形成了与水环境相适应的一些形态结构，如具有发达的通气组织，可以储藏大量空气，像莲藕的叶柄和藕中有很多孔眼，形成了四通八达的通气管道，从而保证了植株在水中的正常呼吸和新陈代谢，同时也增加了在水中的浮力，保持了植株的平衡。同时，因长期生活在水中，其表皮一般都很薄，可以直接从水中吸收水分和养分；根系也常常不发达，不像陆生植物那样主要用于吸收水分和养分，而主要是作固定之用。这类观赏花卉只能在水中或潮湿之地才能正常生长发育，所以常应用于园林水体中作观赏用（图1—12），有的水生花卉虽然开花不多，但只要在满足它的生物学特性和生态习性要求的基础上配植和应用得当，就能给人展示点红染碧、静水披霞的景观效果。

图1—11 红花酢酱草

图1—12 水生植物应用

## 2. 了解植物群落的基本特征，合理进行花卉应用与设计

植物群落是指生长在一起的植物集体，它由生长在一定地段内，并适应该地段环境综合因子的许多互有影响的植物个体组成，有一定的组织结构和外貌，有发展和演变的规律。植物群落有自然和人工之分，在营造人工的植物群落时，要考虑到植物群落的稳定性，因为在组成群落的植物中也会产生争斗，产生对生长空间的争夺，而花卉的应用和设计就是一个人为创造的栽培群体。因此，在花卉的应用设计中，应根据植物群落演替的规律，按照生态学原理，在充分满足花卉种类的生物学、生态学特性的基础上，进行合理布局、科学搭配，使各花卉的种与种之间和谐共存，以维持群落的平衡与稳定。如在水生植

物的应用和设计上，要在了解花卉种类的生态习性基础上，根据自然界水生植物群落的特点和演替规律，利用园林水体的类型和深浅等选择合适的种类，再通过合理的种植设计和营造、合理的人工养护管理，维持稳定的水生花卉群落。

具体而言，一是在平面的设计上要有合理的密度，使植物有足够的营养空间和生长空间，从而形成稳定的群体结构；二是在竖向设计上要符合植物的生物学特性，注意喜光与耐阴等不同类型相互搭配。再以水生植物为例，它有挺水（包括湿生、沼生）、浮水（含浮叶、漂浮）、沉水植物之分，在营造水生花卉景观上，因沉水植物生长在比较深的水域中，可将它配植在浮叶植物相间或浮叶与挺水植物之间的空隙处，以增加景观层次（图1—13）。

图1—13 挺水和浮水植物的应用

## 二、艺术性原则

在园林和城市建设中，花卉不论采用哪种应用形式，都要给人以美的享受，除了花卉本身鲜艳的色彩和独特的姿态之外，在景观营造上也要符合艺术美的规律，并巧妙地利用花卉的形体、线条、色彩和质地等进行构图，再通过花卉的季相变化来创造出四季相宜、富有变化的景观，最大限度地展现美和魅力。

### 1. 平衡与稳定

这是在花卉应用和设计上的一种布局方法。平衡是指在平面上表示位置关系的协调。平衡有对称的静态平衡和非对称的动态平衡两种形式。对称平衡的视觉效果简单明了，给人以庄重、高贵的感觉，但有点严肃、呆板，如西方式的对称花坛。对称的平衡只用于“整形式”的花卉应用形式之中，它要求整个花卉景观的上下、左右、前后形态，以及数量多少、花色浓淡，都做到对称。非对称的动态平衡即均衡，它灵活多变，有如芭蕾舞姿，有时无法察觉出其中心，但却使人感到平稳而优美。

稳定常指在立面上表示轻重关系的协调，如果将体量、质地各异的花卉按照均衡的原则配置，其形成的景观就显得稳定顺眼。如西方园林的水池多为几何形状，如果在方正的水池里配植对称的睡莲、菖蒲等水生植物，那么在岸上就配植排列整齐花木，这样就给人一种平衡、整齐、稳定的感觉。

### 2. 比例与尺度

比例着重于对大小的分量、长短比较，及部分与部分或部分与整体的比数关系。自古以来，比例就在造型学、数理学、几何学方面极具权威，以其神秘的美感法则应用于美术、建筑、工艺等范围，取得了很大的成就。在插花方面，花与作品的比例、花材之间的相互比例，乃至作品与环境的比例，都是整个构图美感与稳定感的主要因素。古代插花很重视比例协调，张谦德曾说过："大率插花必须要花与瓶称，令花稍高于瓶。假如瓶高一尺，花出瓶口一尺三四寸，瓶高六七寸，花出瓶口八九寸乃佳，忌太高，太高瓶易仆，忌太低，太低雅趣失。"尺度常指景物和人之间的比例关系，一般花卉的应用体现轻松活泼，富有情趣，营造令人不尽回味的艺术气氛，尺度必须亲切宜人。

### 3. 统一与变化

统一与变化就是多样的统一，在花卉的应用和设计上，对于形式、色彩、线条、质地和比例都要有一定的差异和变化，但又要使它们之间保持一定的相似性，只有这样，才能显现出生动活泼。统一可通过主次或从属关系、单纯、重复、集中等形式来实现，而运用重复的手法最能体现花卉景观的统一性。如在街道等距离地设置花坛或配植同龄的花灌木；在竹园景观设计中，相似的竹叶及竹竿构成了和谐统一，而多竹种的巧妙配植，很能体现统一中求变化的原则。

### 4. 对比与调和

所谓调和是指部分与部分、部分与整体之间相互依存，绝无分离排斥的现象，从内容到形式都是一个完美的整体。在花卉应用设计时，找出植物的近似性和一致性, 配植在一起才能产生协调感；相反，用差异和变化可产生对比的效果，具有强烈的刺激感，形成兴奋、热烈和奔放的感觉。在插花上，从其自身要求看，不仅要求花的色彩相调和，还要使各种插花的大小、形态相协调；从插花与周围的环境来说，既要求插花的颜色与容器及环境用具的颜色相调和，也要使插花与周围的气氛相协调。只选用同一花卉，从花卉本身的色彩看，处理简单易于协调，但又会显得单调、呆板。选用同一种类不同品种的花卉，实际上只强调了颜色的不同，往往又会显得过于繁杂，故通常插花不是只选用一种花卉，而是两三种花卉配合而成。在这种情况下，应当以一种花卉为主，用其他花卉作陪衬，这样不管在花枝数量上，还是在色彩使用上都要有主次之分。这种有主有次相配合的插花效果较好，如蜡梅与南天竹、墨红月季花与繁星似的霞草、香石竹与文竹、鸢尾与鹅黄的小兰花、乳白色的马蹄莲与金红色的郁金香、白绿色的银边翠与火红的三色苋等，所有这些

都是花的色彩与形态配合较好的实例。但也有单一种类、单一颜色插花效果极好的例子。如单一墨红色的月季花插花显得非常端庄、大方，引人注目。

### 5. 节奏与韵律

在花卉应用设计中，有规律的变化会产生韵律感。韵律可分为连续韵律、渐变韵律、交替韵律等。连续韵律是指重复出现的图案相同、距离相等的东西，如连续的花坛布置形式。渐变韵律，重复出现的图案形状不同，大小呈渐变趋势，等距离出现。交替韵律，指数个因素交替出现，如杭州西湖白堤桃柳间植就是一例，这样有韵律感的变化使游人沿途欣赏时不会感到单调。在插花中，也可有内在的节奏变化，产生韵律。在一个体量较大的插花中，除了要有一个主要的构图中心外，还可以适当布置几个分中心，增加画面的韵律。也可利用不同的花卉种类或同一种类的不同品种，在色彩、花形、花朵大小、开放程度上的差异，以及枝的曲直和横斜的变化，增加画面的韵律。当然，要使这些变化符合客观规律和艺术构图的要求，才能产生真实感，达到预期的效果。例如，梅、杏的插花，可取其苍劲虬曲的特点，将其横插或斜插入陶瓷古瓶中，显得别具一格、非常幽美。而鸢尾、水仙则具有挺拔婷立的美姿，利用这一特点，将其竖立插于浅水盆中，就更富诗意。

### 6. 色彩与质感

色彩或称颜色，是物体对光线吸收与反射的结果。人的眼睛能够分辨出不同波长的可见光，从而产生了红、橙、黄、绿、蓝、靛、紫的感觉。色彩是由色相、明度、纯度三要素构成，从而形成万紫千红的颜色。

不同的色彩给人不同的感受，这些感受表现在色泽的冷暖、轻重、远近以及情感等方面。在光谱中，红、橙、黄称为暖色系，紫、蓝、绿称为冷色系。暖色系常具有温暖、热烈和使人兴奋的感觉，以红、橙色突出；冷色系常使人产生清凉、宁静的感觉，以蓝色突出。白色具有明显的协调性，它与暖色搭配不增暖，与冷色搭配不增冷。这种温度感还常使人对视觉空间产生差异感。暖色系有膨大感，冷色系有收缩感。以暖色作背景时前面的物体显小，用冷色作背景时前面的物体显大。暖色系有向前及接近感，冷色系有后退及远离感。暖色系引人注目，使人目光久留，冷色系易分散人们的视线。色彩还能够影响人的情绪。不同的色彩会引起不同的心理反应。

红色：具有艳丽、热烈、富贵、兴奋之情。人们习惯用红花来表示喜庆、吉祥。

橙色：是丰收之色，表示明朗、甜美、成熟和丰收。

黄色：表示光明、丰收、富丽、纯净，又有光辉、高贵和尊严之意。

绿色：富有生机，富有春天气息，又具有健康、宁静、安详的意义。

青色：给人以希望、奥秘、坚强、庄重的感觉，但有时也有阴暗之感。

蓝色：有安静、深远和清新的感觉，也有寒冷和压抑感。

紫色：有华丽高贵的感觉，也有恐惧、迷惑或忧郁之感。

白色：是纯洁的象征，具有一种朴素、高雅的本质，但在特定场合又有哀伤的含义。

黑色：具有坚实、含蓄、庄严、肃穆的感觉，同时也给人以黑暗、悲哀或恐怖之感。

与色彩有密切关系的是质感，花卉应用中的山石、池水、树木、花草等质感各不相同，在花卉景观设计和营造中，水和石一般表现为对比关系，而水与花木、山石与花卉则多表现为微差关系（即不显著的差异）。

以上几个方面并非孤立地单独存在，彼此之间有着互相依存转化的密切关系。如均衡可以得到调和，有秩序的比例则构成韵律，悬殊的比例可造成对比现象，各个因素都具有部分共通性，又统一于整体效果。所以如能融会贯通、灵活运用，就能创造出美的形体。一个优良的艺术构图，除了应用这些因素构成美的形式外，还应灌入创作者的情感，通过形体表达一定的内涵。当作品完成时，所有这些意境和构图艺术都已互相交织融为一体了。有如一幢优美的建筑物，将所有必需的构成因素浑然一体，成为一个新的构图。

## 三、功能性原则

不同的绿地有不同的功能，花卉应用设计应根据绿地的类型，充分发挥花卉的各种生态功能、游憩功能、景观功能，起到强化和衬托的作用。如花坛、花境主要强化美化效果，常应用在园林建设的重点部位，而室内花卉的应用主要在于美化和观赏，在合适的场所给人带来合适的感官体验，同时还有净化室内空气、减少有毒物质污染等作用，如在室内布置吊兰、绿萝等花卉，可吸收甲醛等。

## 四、经济性原则

花卉应用是以美化环境和赢得社会效益为主要目的的，但任何一座城市或一个单位，人力、物力、财力和土地都是有限的，因此必须遵循经济性原则。在节约成本、方便管理方面，应大力提倡选用乡土花卉。应用乡土花卉进行环境布置，既不致引入外来生物的侵害，不会对当地生态系统造成危害，又容易获取大量种苗，生产成本低廉，同时还能节约成本，突出地方特色，快速、稳定和有效地形成花卉景观。

所谓乡土植物，是指原产于当地或通过长期驯化，证明已经非常适合当地环境条件的植物种类。当然也可适当选用一些外来名贵品种，以丰富当地的园林花卉景观。

### 思考与练习

1. 简述我国花卉应用的历史。
2. 花卉在园林绿地中的应用有哪些主要形式？各有何特点？
3. 花卉在园林绿地中的应用有哪些基本原则？

# 第二章　室内环境花卉设计与应用

学习目标

◆了解插花流派的特点和主要形式，熟悉艺术插花的材料

◆了解礼仪插花艺术与花饰制作的基本理论

◆掌握室内花卉设计与应用的基本原理和方法

## 第一节　插花材料与造型

### 一、花材

凡插花所用的植物材料统称为花材。“花不论草木，皆可供瓶中插贮。”花材的种类非常丰富，有多种分类方法。

#### 1. 按观赏季节分类

（1）春季花材。春天，是花开最多的季节，有“暗香浮动”的梅花，“国色天香”的牡丹，还有山茶、桃、李、杏、樱花、迎春、丁香、紫荆、芍药、香石竹、风信子、小苍兰、贴梗海棠、垂柳、郁金香、紫藤等。

（2）夏季花材。夏天，为生命旺盛之季，正逢“出淤泥而不染”的荷花怒放之际，还有茉莉、凌霄、紫薇、唐菖蒲、百合、栀子花、八仙花、白兰花、石榴花、鸢尾等。

（3）秋季花材。秋天，金风送爽，丹桂飘香，既有“傲骨迎霜”的秋菊，“霜叶红于二月花”的枫树，还有鸡冠花、千日红、翠菊、百日草、木芙蓉、火棘等。

（4）冬季花材。冬天，虽然寒风袭人，冰天雪地，但更有“欲与天公试比高”的芳菲可观可取，有被视为“凌波仙子”的水仙，以及蜡梅、南天竹、银柳、一品红、马蹄莲、天竺葵、五色椒等均处于最佳观赏期。

（5）常年可供花材。由于人为促控栽培技术的提高和国外花材的引进，市场上许多花材的供应已打破了季节性观赏的时限，如唐菖蒲、香石竹、月季、红掌、绿掌、菊花、非洲菊等均能做到全年供应；还有观叶植物，如文竹、一叶兰、八角金盘、肾蕨、散尾葵、黄杨、苏铁、罗汉松、龟背竹等也可常年采集。

#### 2. 按观赏部位分类

（1）观花类。观花类花材（图2—1）需要花朵具有一定的观赏价值，如鲜艳的色彩、优美的外形、诱人的芳香、超凡的气韵等，且水养性要好，观赏期要长。例如“四大

切花”：唐菖蒲、菊花、月季、香石竹；“十大名花”：牡丹、山茶、杜鹃、月季、梅花、兰花、荷花、桂花、菊花、水仙；另外，还有一些进口花材，如洋兰中的石斛兰、蝴蝶兰、跳舞兰，帝王花等。

图2—1　观花类花材

（2）观茎（枝）类。此类花材要求线条流畅、曲折变化、余韵无穷，如红瑞木、佛肚竹、银柳等。还有一些花材可通过表面处理改头换面，如黄杨、紫藤等都可作去皮和漂白，甚至染色处理，形成优美的自然曲线造型。

（3）观叶类。观叶类花材要求造型独特，以其固有的色、韵和多变的用法既能烘托主花，又能丰富空间层次。如一叶兰、巴西铁、春羽、龟背竹、花叶艳山姜、八角金盘、苏铁、变叶木等。

（4）观果类。观果类花材要求以其累累的各色各形果实，使人产生丰硕的美感。如南天竹、佛手、朝天椒、观赏茄、火棘、石榴、乳茄等。

### 3. 按花材性质分类

（1）新鲜花材。鲜花饱含生命力，代表着自然的美。鲜花虽观赏时间有限，但那自然赋予的灵性和人为寄托的情感使人更觉其“情真意切”。因此，鲜花总是被广泛使用于各种庆典仪式、迎来送往、婚丧嫁娶、生日祝福、酒席宴会、探亲访友等社交活动。

（2）干燥花材。也称干花，指经过自然或人工脱水干燥、漂白、染色和组合等加工而成的花材。干花取之于自然，既有天姿风韵又有人为装饰，更宜于长期保存，使插花作品的生命得到永恒，因此也受到欢迎和重视。如一些藤蔓、麦秆菊、千日红、勿忘我等，还有些单瓣、整齐形花朵及一些枝叶经特殊漂白、染色也能制成干花。

（3）人造花材。人造花是由多种材料制成的仿真花材，具有逼真、永存、装饰的效果，是鲜花淡季的一种补充，也是商家橱窗、写字楼等公共场所常用的花材。目前市场上的人造花主要有塑料制品、丝绸制品、涤纶制品、布制品、黏土制品和皮革制品等。

### 4. 按花材功能分类

（1）线状花材。插花的构架花材，用于勾勒造型、承接点面。主要有各种线形带状花，以及枝、藤、叶等，如梅、竹、松、柏、紫藤、银柳、唐菖蒲（图2—2）、蜡梅、散尾葵、蛇鞭菊、芦花、金鱼草、水烛、苏铁、鸢尾等。线形有直、曲、粗、细之分，不同的线形具有不同的表现力。直线端庄、刚毅，生命力旺盛；曲线幽雅、抒情，潇洒飘逸；粗线条雄壮，表现阳刚之美；细线条秀丽温柔，表现清幽典雅之姿。

图2—2　唐菖蒲

图2—3　百合

（2）焦点花材。处于作品的视觉中心或兴趣中心，具有表达作品主题构思的重要意义。根据花材形态可分为整齐形和异形两种。

1）整齐形花材。花容美丽，色彩鲜艳。常见的有月季、菊花、香石竹、非洲菊、百合（图2—3）、向日葵、荷花、郁金香等。

2）异形花材。花形奇特，形体较大，适宜插在作品显眼之处。常见的有马蹄莲、红掌、鹤望兰（图2—4）、黄金鸟、石斛兰、蝴蝶兰等。

（3）陪衬花材。或称为散状花材，起烘托渲染、丰富层次、平衡重心、遮掩花材作用的小花和叶材，如插置得当，可令作品增色不少。如满天星（图2—5）、勿忘我、孔雀草、小菊花、跳舞兰、文竹、蓬莱松、天门冬、龟背竹、绿萝、肾蕨、一叶兰等。

图2—4　鹤望兰

图2—5　满天星

## 二、花器

凡可容放花材，满足水养要求，具有一定欣赏价值的容器均可作为插花的花器。花器对插花作品是十分重要的，它不仅作为一个容器盛放花材和水，以维持花材的生命并保持其鲜度，而且更是插花艺术作品构图中不可缺少的一部分。随着插花技艺的发展和新材料、新技术的发明，花器的质地、形式和色彩也越来越丰富多样。

### 1. 花器的质地

（1）陶瓷类（图2—6）。质地稳重、造型多样、美观耐用，属上品花器。

（2）玻璃类。轻透富丽、时尚雅致，常以拉花、刻花、模压等工艺制成。

（3）金属类。庄重高贵，古代以铸铜为主，近代以铝合金、不锈钢为多。日本花器中金属类花盘多以紫铜制作。

（4）石、木、竹、藤类。多为天然材料制成，与花材天生相通，色彩素雅、形式简洁、质地纯朴、乡土气息浓郁，有大理石盆、木桶、竹桶、竹篓、藤篮等。

（5）塑料类。轻便易携，有许多仿制玻璃、金属、竹藤的塑料花篮，但质感和色彩相对欠佳，选材搭配时需注意协调。

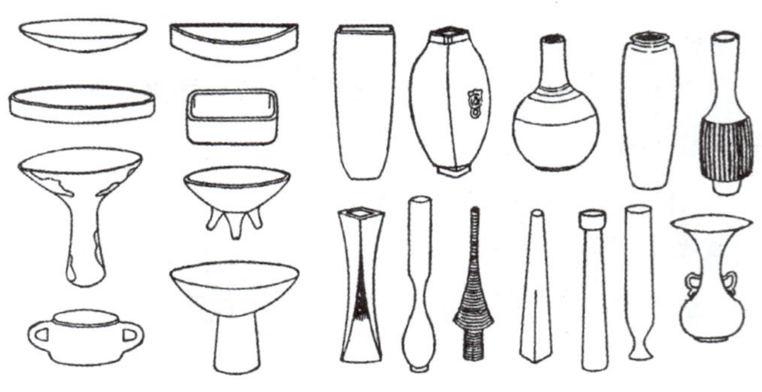

图2—6　陶瓷器皿

### 2. 花器的形式

（1）瓶类。小口高身，宜立放，可分为传统的古典形和现代的多边形两类。

1）古典形。古铜瓶、宋瓶、悬胆瓶、广口瓶、直流瓶。

2）多边形。规则形瓶、几何形瓶、异形瓶、象形瓶等。

（2）盆类。浅身阔口，卧式放置，可分为规则形盆和异形盆。

（3）篮类（图2—7）。阔口浅身编织器，以竹、藤、柳为主，造型各异、色彩素雅、轻便易携。

图2—7　花篮

（4）筒类。由竹、木等制成各形花器，质地朴实、自然协调、容易自制。

### 3. 花器选择要点

根据用途及花材的色、形等因素来确定花器的形状、色彩、质地、风韵。花器选配主要根据插花的环境、使用的花材、表达的情趣以及构图的需要等因素而定。插花时必须把花器视为作品的一个内容来考虑整体效果。

花器的颜色与花材的色彩要协调。当花材色彩深时，花器宜色浅；反之，花材颜色浅，则花器可稍深。深淡相映才能衬托出花之艳丽。

## 三、工具及饰件

### 1. 加工工具

（1）剪刀。剪取花材，修整枝叶。

（2）金属丝。准备多种型号（18～22号）的金属丝，用于花材的加固、造型。

（3）虎钳。剪铁丝。

（4）刀。切削花枝，雕刻、去皮、切花泥。

（5）手锯。锯截粗壮枝条，整形处理。

### 2. 固定工具

（1）花插。花插又称针山、剑山，浅身阔口花器常用固定工具，由许多铜针固定在锡座上铸成，有一定重量以保持稳定，使用寿命较长。形状多样，宜选择体重、底平的，带胶垫、铜针尖而密的为上品。

（2）花泥。花泥是由酚醛塑料发泡制成的砖形固枝器，是国外近年来新发明的产品。有绿色的鲜花花泥（图2—8a）和褐色的干花花泥两种（图2—8b）。其携带方便、水养性好、可随意切割、吸水性强，有一定的支撑强度，但成本高、寿命短，插后的孔洞不能复原。

a)鲜花泥　　b)干花泥

图2—8　花泥

（3）花插筒（剑筒）。大型作品中固定或升高花材的圆锥漏斗形金属工具。

（4）瓶口支架。为缩小瓶口空间，可利用木制或塑料制的“Y”“X”“#”“—”形支架等。

（5）订书机。造型定枝。

（6）透明胶带。连接断、短枝叶，粘接丝带。

### 3. 养护工具

（1）喷雾器。保湿，清洗尘埃。

（2）注水器。花材的吸水，赶气泡。

（3）水桶。养护花材，浸花泥等。

（4）饰件。一般选用一些非植物材料来配饰插花作品，如木制小动物、玻璃小玩具、陶瓷小贝壳、几架等，对插花作品一方面能起到装饰甚至点题的作用；另一方面也能起到对比、烘托的作用，从而提高了整个插花作品的艺术魅力。但必须注意，饰件的大小、形态和摆设位置务必与插花作品相衬，不能喧宾夺主，更不可滥用。

## 四、花材的剪裁技法

花材的剪裁是插花最重要的一环，从一开始直到作品完成的最后一刻都要剪不离手。如何取舍是初学者首先碰到的难题。清代沈复在《浮生六记》中记述：“剪裁之法，

必先执在手中，横斜以观其势，反侧以观其态，相定之后，剪去杂枝，以疏瘦古怪为佳，再思其梗如何入瓶，或折或曲，插入瓶口，方免背叶侧花之患，若一枝到手，先拘其梗之直者插瓶中，势必枝乱梗强，花侧叶背，既难取态更无韵致矣。”

### 1. 花材的剪取时机

由于插花的大部分材料都是植物材料，因此首先要把握好花材剪离母体的合适时机。从时间上讲，应该选择气温低、无风无日晒的时候剪取，尤以清晨最好，傍晚也可。因为在这个时间段，一般气温稍低，空气相对湿度较高，植物体内含水多，蒸发量也小，剪下来的花枝失水也相对少，容易恢复生机而不易萎蔫。如果购买切花也最好在这些时间。

从花材本身而言，不同植物因花朵开放的时机和开放的速度不同，故而有各自最佳的剪取时间。如香石竹，以花蕾时剪切为宜，菊花及多数重瓣的菊科植物可在初开或盛开时剪取，月季则在含苞时剪切为宜。一般花序长的，大体上以整个花序有1～2花开放时剪取为宜，如唐菖蒲、金鱼草等。而单朵花的多以含苞时剪取为好。以上为一般规律，具体每种植物的最佳切取时间，应从实践中不断总结。另外，如果购买现成的切花材料，则需要切口新鲜、叶片挺拔。如果花枝及叶片变色，有臭味或手触摸时有滑腻的感觉则是不新鲜的表现。同时，花的枝茎如果细软无力，亦为劣质花材，不能选购。切花材料的标准长度亦应考虑在内，如月季、菊花、香石竹、马蹄莲、唐菖蒲等要求花材长度在60厘米左右。

### 2. 剪裁原则

挑选好的花材，特别是木本花材，仍然只是素材，其原有的各种姿态未必尽如人意，在插制之前，还须根据构思、造型的需要，加以整理和修剪，再动手插制。现就如何入手修剪作一简单介绍。

首先，仔细观察枝条，区分花枝的正反面（也称阴阳面）。受光照射的一面为正面（阳面），背光照射的一面为反面（阴面）。修剪前先找出主视面（即最好看的枝条朝向和部位），然后以主视面为中心，取舍其他枝条（图2—9）。

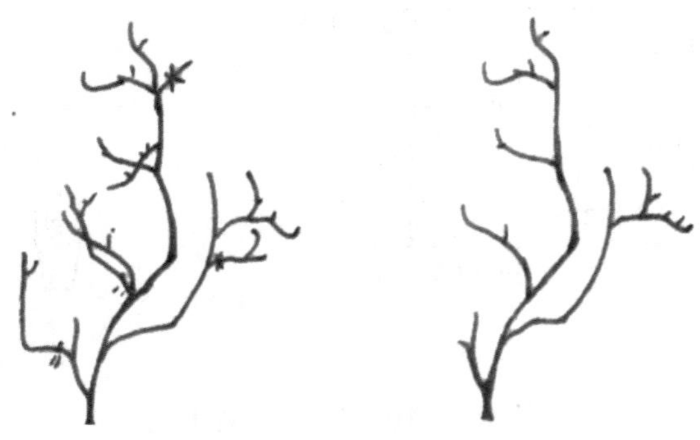

**图2—9　木本枝条的修剪**

其次，应尽量顺应花枝的自然属性，不要轻易破坏。具有自然风韵的枝条要尽量保留，尤其在东方式插花中，其自然弯曲流畅的线条、天然的姿容，是构成优美作品的主要因素。对有些枝叶的去留拿不定主意时，不可急于剪除，宜先少剪一部分，待构图过程中反复权衡后再作取舍，以免过早剪除致无法补救。对下列4种枝条则可大胆剪除：

（1）感染病虫害的枝条、干枯的枝条；

（2）过密过细弱的枝杈，剪除后可使画面更整洁、利落；

（3）不必要的交叉枝、平行枝及呆板生硬不易表现美感的枝条；

（4）生硬地与画面垂直或向前后伸出的枝条，常给人以刺激和不安全感，而且缺少画意。

最后，要注意花材之间的相互比例，可按黄金分割比例或等比级数等剪裁。花形的长度和宽度之比也以黄金分割比例较匀称（图2—10）。黄金分割比例的基本公式是一线段分成两段，小线段与大线段的长度比恰等于大线段和全线段长度之比：a/b=b/（a+b），其比值约为0.618∶1，即3∶5或5∶8，这是世界公认的最美比例，在视觉构图上容易得到统一与变化。所以，古今中外的建筑物广为应用。等比级数是成倍增加，如2，4，8，16，32，…。这样枝条的距离拉大了，也可产生韵律和渐变的强烈效果。

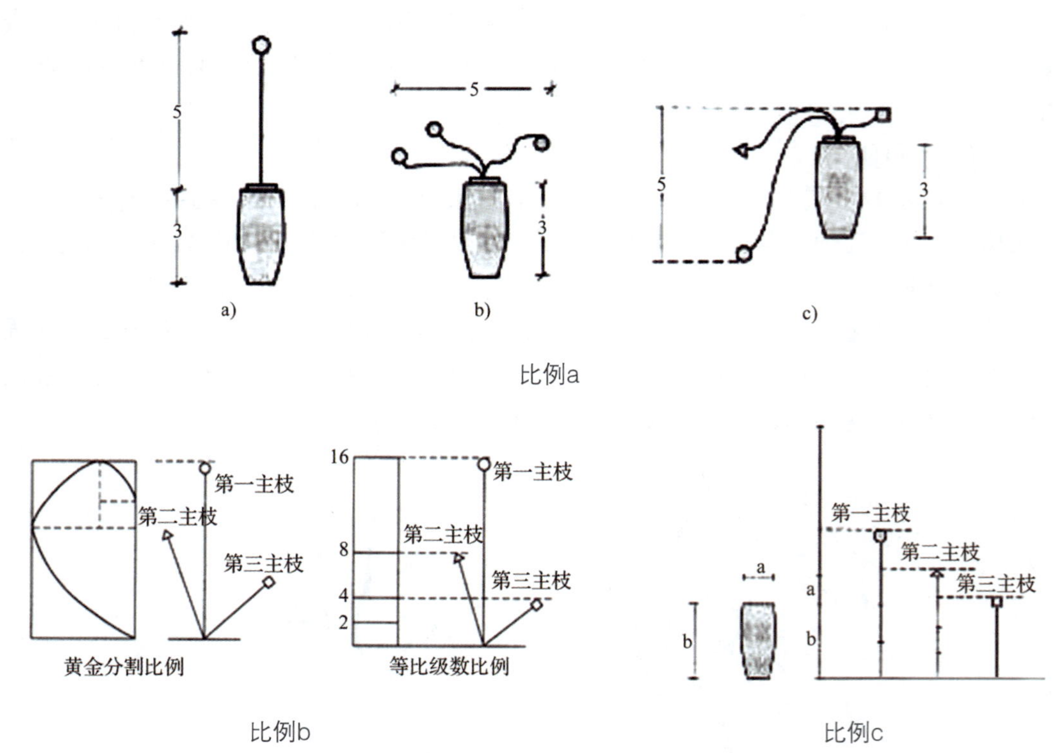

比例a

比例b　　比例c

**图2—10　黄金分割比例**

此外，一些特殊的切花材料，如铁树、散尾葵、棕竹、棕榈、蒲葵、一叶兰、龟背竹等，均可通过修剪进行加工。月季等一些花朵外花瓣枯萎可适度修剪后再加利用。有些

植物枝茎上的刺亦可剪去。

总之，花材的剪裁是插花必须掌握的一门基本功，要针对不同的植物材料、不同的构图，审时度势，制定不同的修剪方案。当然在剪裁的具体操作中，还涉及工具的正确使用问题，如不同粗细、硬度的植物枝茎，选取不同型号的剪枝剪等。

### 3. 截剪具体操作方法

用于修剪整理花材的工具主要有剪刀、小锯、小刀等，但一般情况下只要有一把锋利的剪刀就可以了。对于不同的剪截方法，下面分别介绍剪截时的注意点：

（1）草本花材要环切。普通草本花材在环切时应使剪刀的刀刃和花材的枝茎成直角（图2—11a），要相交地截，而且要一气切断，中途不宜停顿，使切断面成为平滑的轮形，这样剪裁的草本花材便于固定在剑山上，否则，若斜切，花材的枝茎基部变软则难以固定。

茎部中空的花材，如朱顶红、大丽花、水仙等，剪裁时用力不可过猛，要轻轻地用剪刀夹住茎部，然后一边转动茎一边慢慢地均匀用力剪切。当剪到茎的中空部位时，则用力果断地剪下，这样便可避免茎劈裂。此外还应注意，一般较粗的花材枝茎宜用剪刀后端的刃部剪切，而枝茎较细的花材宜用剪刀先端的刃部剪切。

（2）木本花材要斜切。如果木本花材的枝茎有铅笔粗细，则剪刀和枝茎呈45°角斜切（图2—11b）。斜切有几个好处：因为枝茎中的纤维是纵向的，若直角剪截不但阻力大、费力气，而且剪刀也易受损伤；斜切不但省力而且斜切口容易在剑山上固定，瓶插时也易于固定于花器的内壁。如果花枝稍粗难以一次性剪断，则可用左手紧紧握住枝条，右手握住剪刀并夹住枝条，然后一边转动枝条一边用力剪，更粗壮的枝条则须使用小锯锯断。

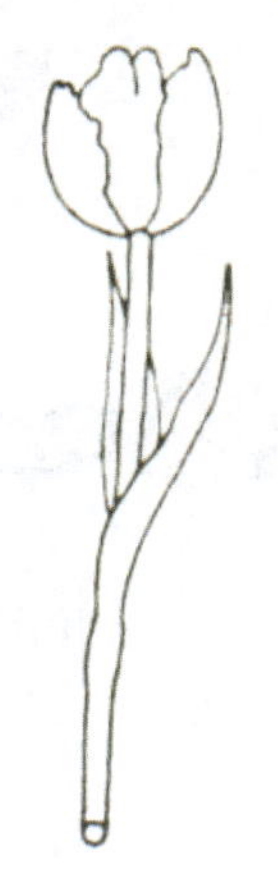

a）草本环切

b）木本斜切

图2—11　截剪

## 五、花材的固定技法

花材固定技法与花材的剪裁技法一样，也是插花造型的基本技法。花材固定虽然由于植物材料的性质、器皿的形状不同，需要采用不同的固定法，但其目的是一样的，就是把花放在一个合适的位置上并固定好，这是插制作品的基本功，倘若花材固定不好，那么就无所谓插花的构图了。

### 1. 剑山的使用

剑山的放置及使用是否适宜，对于插花造型效果影响极大。剑山放置随插花容器的形状不同而异。在阔口圆形浅水盘之类的花器中，剑山最忌放在正中央，应放置在四个角部位置。不同季节剑山的适放位置也有所区别：夏季炎热，剑山适宜在花器的后侧或左右两侧放置，尽量扩大水盘中的水面空间，以增加凉爽气氛；冬天剑山宜尽量往前放置，以便遮住水面。当插置有一定重量的花材时，为防止花材倾倒，可将两个剑山组合使用。欲突出插花造型的景深感，可将两个剑山（长方形的）纵向并列组合使用。当使用长方形水盘时，剑山也应避免置于中央，偏置左侧或右侧均可，使用高脚水果盘时，剑山宜置于中央（图2—12）。

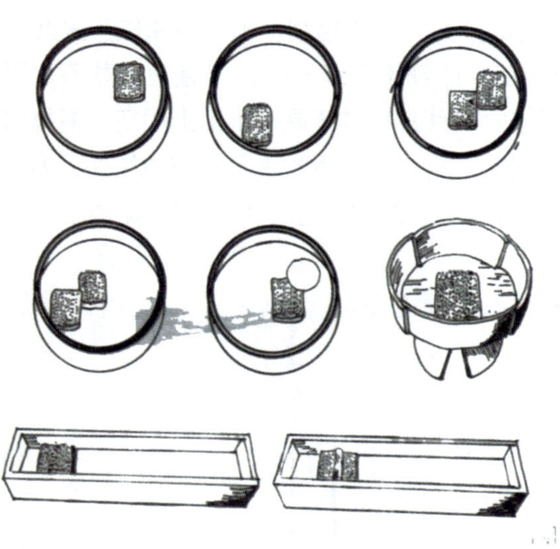

a）剑山的放置位置

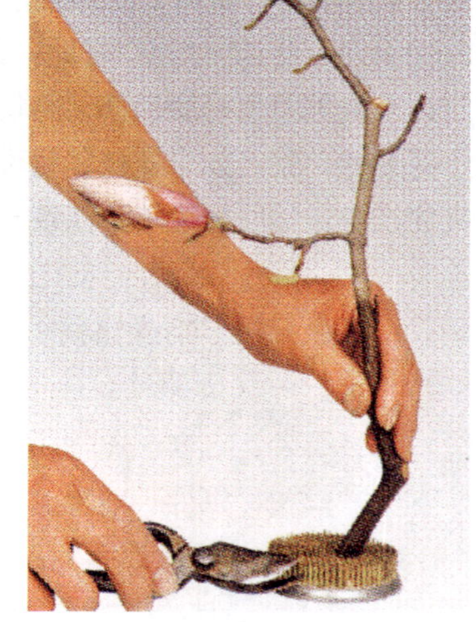

b）用剑山固定花材

图2—12　剑山的使用

### 2. 花泥的使用

花泥是盛花常用的固定材料，相对剑山而言，花泥插花较简单，可任意地、不同角度地进行插制，但用花泥插时要果断准确，不能反复地插制。亦有花泥与剑山合用的方法。

### 3. 瓶花花材的固定方法

瓶花不同于盛花，不适宜使用剑山，花材的固定需赖瓶口和花瓶内壁的支撑。但是，如仅靠瓶口和内壁的支撑力，往往很难保证完全按照构思完成创作，尤其当花材较多时，要使花枝在理想的位置固定不动，确需相当的固定技巧。有时须借助于辅助措施。根据花器形状、花材性质的不同，瓶花花材的固定方法大致有以下2种：

（1）插入固定法。普通的插入固定法是指当瓶内只插入一枝或两三枝花，只需要将花枝茎端稍加处理插入花瓶即可固定的方法（图2—13）。根据剪切处理的方法不同，可分为剪枝固定和折枝固定两种方法。

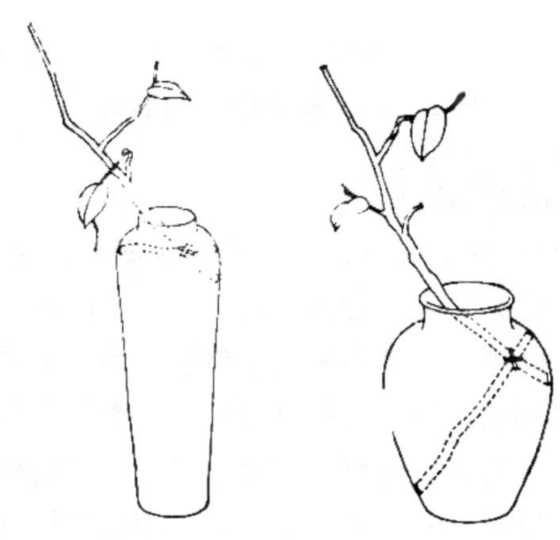

图2—13 插入固定法

1）剪枝固定。此法利用杠杆原理，以花器的插口及内壁来支撑花枝，使其得以固定。首先根据自己的构思决定花枝长度，剪切花枝。为保持花枝插瓶内壁有较大的接触面积，花枝端部宜斜切，插入瓶内之后要使斜切面与内壁紧密接触，茎端斜切面的角度是决定花枝倾斜度的因素，斜切面的角度越大则花枝倾斜度越小。

2）折枝固定。即将花枝折曲或弯曲后插入瓶内，利用其反弹力使花枝固定。按照构思所要求的长度剪切花枝，在枝茎适当的位置折曲或弯曲，然后拿着折曲的两侧放入花瓶内，利用折曲产生的反弹力使花材固定。上下移动花枝在瓶内的（折曲产生的）固定位置便可改变花材的倾斜角度。如果使用广口大瓶需折曲两处使之呈“U”字形，枝茎分别与内壁及底部接触从而固定。

（2）花器内附加支撑物固定法。该方法是在花器内附加支撑物，将花器内的空间间隔成几部分，借以增加花材的支撑点，易于使花枝固定。利用此法，花材有3个支撑点，即瓶口、瓶内壁、支撑物。支撑物可利用结实的枝条或劈开的竹枝。有时也可和剑山并用，以增加花材的稳固性。上下一般粗的筒形花器最适合采用此法。支撑物常见的有：一字形支撑（图2—14a）、十字形支撑（图2—14b）、叉木支撑（图2—14c）、井字形支撑（图2—14d）、浮动支撑等。

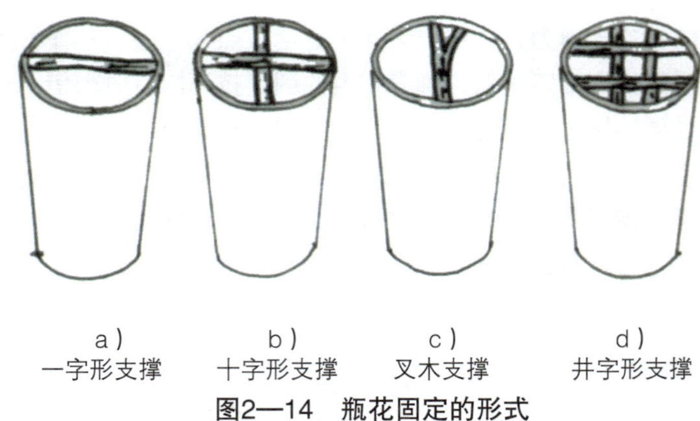

a）一字形支撑　b）十字形支撑　c）叉木支撑　d）井字形支撑

**图2—14　瓶花固定的形式**

## 六、花材的弯曲技法

弯曲整形也是插花造型的基本技法之一。无论是花叶还是枝条，保持其原来的自然姿态能表现出一种自然美，但又不宜完全如此，通过一定的人为加工整形可能比原来的自然姿态更胜一筹。插花艺术既源于自然而又高于自然，为了追求造型自然美，并使自然姿态优美的花材和花器取得协调的效果，对花材进行弯曲整形十分必要。花材经过人工加工处理会产生出人意料的效果。所谓弯曲整形，就是按照作者的构思将花材弯曲到需要的程度。不同种类的花材，由于材质不同，粗、细、软、硬及易折程度不同，其最适宜的弯曲方法也不同，例如木本花材与草本花材的弯曲方法有着明显的区别。因此，在进行弯曲加工之前要对花材仔细观察研究以确定最适宜的弯曲方法。通常的弯曲方法如下：

### 1．木本花卉的弯曲方法

（1）夹楔弯曲法。夹楔弯曲法就是利用小锯在枝干上锯成裂口后加入小木楔而使枝干弯曲，小木楔可防止枝干反弹从而保持弯曲的稳定。凡是过粗过硬的枝条、脆而易折的枝条，或用其他方法不易弯曲的枝条均宜采用此法。

首先是制成一个小木楔。小木楔宜选用和花材相同的树种。若使用从花材茎端剪裁下来的枝端，尤为便利。将选择好的枝条剥去表皮，再锯截成小木楔，厚度为3～6毫米，具体厚度由所需要的花材弯度决定。弯度越大要求小木楔越厚。小木楔的高度与需要弯曲的老材枝干上的锯口深度相同。一般情况下，花材枝干上的锯口深为枝干粗度的2/3左右，也就是说，小木楔的深度也应该是枝条粗度的2/3左右。这样才能保证小木楔夹入切口之后外观整齐、吻合紧密，不至于出现楔子从切口处冒出或者沉没于切口里面等有损外观的现象。

完成小木楔制作后，对花材枝干夹楔弯曲的过程是：将一定长度的花材的枝干稍加整理后横放在需要弯曲部位的相反一侧，垂直下锯，水平拉锯，锯出一个锯口，锯口深度

达到花材枝干粗度的一半左右时，即可边向锯口洒水，边用两手指按住锯口相反一侧，慢慢加力。当锯口逐渐扩大到枝干粗度的2/3左右时，将预先准备好的小木楔轻轻插入，然后移动两手拇指的位置慢慢向锯口相反一侧用力弯曲，将小木楔插入，使之与锯口紧密吻合，直至枝条表面看不出人为的弯曲痕迹为止。最后，在锯口的缝隙处再轻轻地涂上一些泥浆，防止水分散失影响花材的保鲜。如果在枝条需弯曲的部位分几处小心锯裂，慢慢地弯曲嵌入小木楔，则枝条的弯曲显得光滑自然，并可制作出多弯式的造型。在弯曲加工之前预先在枝条和手上沾水，则弯曲效果更佳。加工弯曲部位只能选择节间的位置。

（2）握曲法。握曲法适用于枝茎较细、木质较软的花材。用两手横向握住花材需要弯曲的部位，两手靠紧压住需要弯曲的位置，手指和手腕同时用力，慢慢向外侧弯曲。由于两手握住枝条时会产生一定的热量，因而易使花枝弯曲。

（3）压曲法。压曲法即将两手纵向并列握于花枝上，左手紧紧握住枝条，而右手拇指用力按压枝条上需弯曲的部位慢慢加力，使花枝弯曲。

（4）切曲法。当花材的枝条较粗而不易用手弯曲时，则须在枝条所要弯曲方向的外侧用剪刀先端轻轻地将表皮剪成一浅口，然后，两拇指按压住切口的相反一侧，慢慢加力，即可弯曲。切勿用力过猛，以防折断。

（5）折曲法。折曲法的基本原理同切曲法。首先在花材枝茎上弯曲的部位用剪刀剪一浅口，然后使切口朝上握于手中；用两拇指压住切口的相反一侧，慢慢用力弯曲，至枝茎上切口处折断至茎的1/3～1/2为止。此法适用于梅、贴梗海棠等花材，不适用于脆而易断的花材。

（6）热曲法。热曲法即对花材加热使之弯曲的方法。易于折断的花材宜采用此法。一般多用蜡烛或酒精灯的火焰加热枝茎需要弯曲的部位，加热后稍稍加力，即可弯曲，然后立即浸入冷水中，以使曲茎形态固定。采用此法弯曲花材时，注意勿使叶、花受热。垂柳、南天竺、木莲等花材加工弯曲时宜利用此法。

（7）扭曲法。扭曲法就是扭曲枝茎使之弯曲。扭曲枝茎主要是扭伤枝茎内的纤维组织，要尽量避免损伤枝茎的表皮。

### 2. 草本花材的弯曲方法

（1）穿刺弯曲法。即用竹签将花材弯曲点两侧的茎穿通固定，以防止其反弹。菊花类的花茎较粗，弯曲时常用此法，而其他方法则很难达到理想的弯曲度。以菊花穿刺弯曲为例，其操作程序是：将菊花枝茎握于手中，两拇指按在需弯曲茎段的外侧，慢慢加力即可弯曲。达到理想的弯曲度后，在稍离开弯曲点的两侧斜面上用细锥子打两个孔，将细而圆的竹签（长度以2～3厘米为宜）穿过，即完成菊花弯曲造型。

（2）扭曲法。将草花叶片展平时常用此方法。例如，水仙花的叶片呈自然扭曲状，为了使其展平，可边扭边拉引，即可校正水仙叶片的扭曲状态，其操作程序是：将水仙叶片横执手中，左手拿住叶的基部，右手拇指及食指指尖捏住叶片，然后由叶基向叶尖方向

移动，边向其自然扭曲方向移动，边向其自然扭曲方向相反一侧扭拉，如此反复若干次，水仙叶片即可展平。

（3）挤压弯曲法。即将草花茎用指尖或剪刀柄边压边弯曲的方法。挤压弯曲主要是通过破坏茎内的纤维组织使之变形，但不可损伤表皮。唐菖蒲花茎弯曲常采用此法。

（4）捻曲法。即用拇指和食指边捻动叶片边使之弯曲的方法。此法适用于唐菖蒲叶片平缓曲线形的造型，例如从唐菖蒲叶片中间边转动叶片边捻动，轻捻几次就能形成优美的平缓曲线形。

（5）铅丝辅助弯曲法。草本花材（或部分枝茎细弱的木本花材）的叶弯曲时，为了创造较大幅度的弯曲度，或由于花材过于柔软，往往要借助于铅丝进行造型。常见的借助铅丝造型的方法有以下4种：

1）铅丝固定法。例如为了使平展的一叶片成环状，可先将叶片弯曲成理想的环状，再将“U”字形铅丝钉在叶片重叠部分，并将钉好的铅丝两侧向左右两侧分开固定，以使叶片表面紧紧相贴。

2）铅丝衬贴法。对叶片进行波状造型时可采用此法。为了使一叶兰叶片成波状，可在叶片的背面沿中脉用透明胶带贴一根细铅丝，通过铅丝作用即可使叶片成波状弯曲。

3）铅丝穿茎法。较粗而又中空的麦秆状茎的花材，弯曲时常采用此法。例如非洲菊、水葱等花材需要弯曲造型时，可将铅丝插入中空的茎中心内，然后在需要弯曲的部位慢慢加力，便可形成理想的弯曲度（图2—15）。

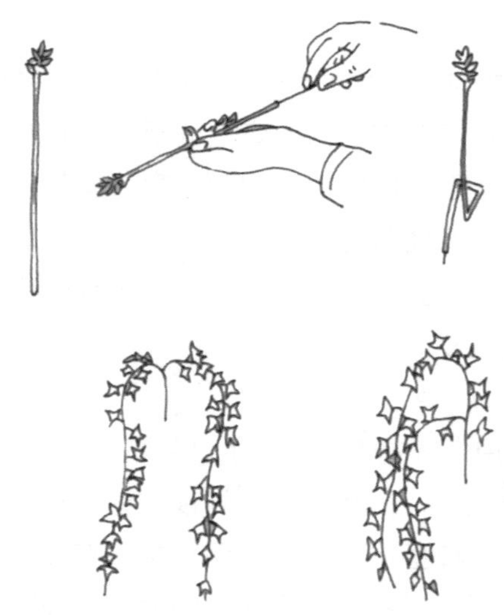

**图2—15　花材金属丝穿茎法**

4）铅丝校形法。蔓性植物的茎软，蔓生，为了增强其挺拔感，常借助于铅丝造型。在造型之前，先在蔓性花材枝茎需要弯曲的部位附加一段稍粗的铅丝，并用细铅丝将其固定。另外亦可用适当粗细之铅丝，直接按45°角缠绕于花枝上即可进行任意弯曲。

## 七、花材的预制、上色技法

### 1. 干花和人造花

用鲜花制作的艺术品确实美妙迷人，但“花开花落终有时”，为了使“鲜花”永不凋谢，干花和人造花在插花上的应用越来越受到人们的青睐，成为橱窗设计和现代居室装饰布置的新宠儿。另外，在抽象理念的现代插花艺术流派中亦广泛使用。

（1）干花。其主要材料是植物体的花、枝、叶、茎新鲜材料等，经过脱水、上色等工艺制成的“干”植物体“标本”。一般干花具有植物体本身的自然形态，并具有一定的与植物本来色彩相近的颜色，有的干花经染色后往往具有新的、更夸张的色彩。干花在市场上可以买到，一般常见的品种有：月季（玫瑰）、小菊、千日红、麦秆菊、芦花、丝石竹、补血草、莲蓬、苏铁、蕨类、水烛、紫藤条以及柳条等。

（2）人造花。现在市场供应的人造花品种繁多、千姿百态，如绢花、涤纶花、塑料花等。制作精美者可与鲜花相媲美，如人造马蹄莲、郁金香、红掌等均可以假乱真。

### 2. 预制及上色技术

除了市场上能买到的干花制品外，一些简单的植物材料也可自己动手制作。具体方法如下：

（1）预制技术。可用于插花的植物材料很多，但在鲜花的淡季或者为了造型的特殊需求，可以利用一些简单的技术对一些植物材料进行预制，以备日后插花之用。

1）自然脱水法。把收集好的植物材料放置于自然环境中，一般可用绳子捆扎后悬挂于室内，通过自然阴干的方法使植物体脱水，经过一段时间，植物体达到理想的干燥效果，即可使用。该方法可用于铁树叶、莲蓬、散尾葵叶、地肤、补血草、树皮、枝干等。自然风干后的植物材料，一般都具有原有植物姿态，虽然失去了原有的色彩，但在作品中只要运用适当，便可达到一种特殊的意境。

2）漂白法。漂白法亦是预制技术中的常用技法，方法较简单。一般经自然风干的植物体失去了原有生命的色彩，且发黄、发枯，漂白法就是把这些风干的植物体用氯气、漂白粉等进行漂白去色的工艺。经漂白后，植物体大多呈自然白色，在插制作品中，能起到均衡色彩的作用。

漂白步骤为：调制适当比例的漂白（粉）溶液，将预先自然风干的植物体浸没于漂白溶液中，直至植物去除杂色，则漂白工艺完成，取出植物体吹干即可。

3）浸油法。一般木本植物（如紫藤）在插花造型中运用很多，藤蔓能最大限度地表现曲线美，但木本藤蔓剪离木本母体后放置保存时间较短，藤蔓因失水而变形或变脆易断。采用浸油法则可延长其保存时间，并能多次反复使用。浸油法是选一容器盛入机油或食用油，将风干的藤蔓浸入油中大约15分钟取出，用干布擦去藤蔓表面多余油滴即可。

（2）上色工艺。上色工艺主要有点染法和吸染法两种。

1）点染法。夸张是艺术表现的一种手段，在植物体上直接用1～2种色彩点染亦是插花的一种技艺。如新春时的银柳，人们常用红、黄、绿等人工色彩点染其芽，以烘托喜庆气氛。点染法就是直接用颜料点染植物体。点染法除点染新鲜植物外，还可使用在预制材料上，如经风干漂白后的地肤，可用1～2种颜料染制成粉红、粉绿等多种颜色，在插花作品中运用颇多。点染用的颜料，一般以天然（矿物、植物、动物）的水溶性颜料为佳，最好使用细腻的图画颜料，染织颜料、宣传色、水彩等也可。油画颜料、丙烯颜料、荧光颜料等有光泽的颜料如使用得当，亦有良好效果。

2）吸染法。一些草本植物，特别是草本白花植物，可用吸染法来丰富其花朵色彩。具体制作工艺是：准备一个容器，放一定量的水，滴入染料，再将花枝放入其中，染料通过植物体蒸腾作用产生吸水效应，起到晕染的作用，使植物色彩变化更加丰富细腻。注意该法一般都选用水溶性材料。

本节介绍的几种方法，均为插花技艺中的常用方法，运用适当，可使插作技艺更上一层楼。另外，一些插花的摆件乃至器皿，均可自己动手制作，如草制品、陶器等不另赘述。

## 八、切花的保鲜技法

水是一切生命的源泉。花材从植物体上剪下来之后，即面临一个失去供水源的问题，其养分消耗也只能依靠花材枝茎及叶片储存的有限营养物质。由于花材通过叶片散失大量的水分，如果对花材不能及时给予养分及水分的补充，花枝中的水分、养分收支平衡受到破坏，就会引起花枝的萎蔫而失去观赏价值。细胞激动素是在植物根部形成的，具有保持植物体内水分平衡和防止植物老化的功能。花材从植物上剪下后，切断了细胞激动素的来源，会促进花材的老化，同时，花材被剪切后处于一种应激状态，又因养分及水分的不足、脱落酸含量增高，均会导致生成大量的乙烯。而乙烯的存在是花材保鲜的大敌，因乙烯会促使花材过早凋萎。同时，室温过高则花材的呼吸频率增高，能量消耗增大，也会缩短花材的寿命。上述引起花材凋萎的诸因素中，水分不足是主要因素，早期的缺水使花材枝茎内形成恶性循环。为延长花材的寿命，必须尽早打破这种恶性循环。

对于切花保鲜来讲，必须预先了解引起花材凋萎的机理，才能对症下药，采取相应的有力措施，以延长花材的寿命。引起花枝吸水障碍的因素主要有：剪切花枝时空气进入了导管，并形成了气泡，因而阻止了水分的上升；植物受伤后产生的伤口反应以及代谢过程中的产物（果胶、单宁等）封住了切口造成导管的堵塞；切口处流出的植物液体中含有糖分，促进了细菌的滋生繁衍，易引起茎端腐烂；绿叶浸于瓶水之后溶化出的酶，以及水中含有的细菌、霉菌等均会堵塞导管，从而严重影响了水分的输导。

由于吸水障碍造成花材枝茎内水分严重失调，这是引起花材萎蔫的首要因素，另外，瓶水中加入适量的营养物质，以补充花枝的能量损耗亦是花材保鲜的一种方法。现介绍几种简单的花材保鲜方法（图2—16）。

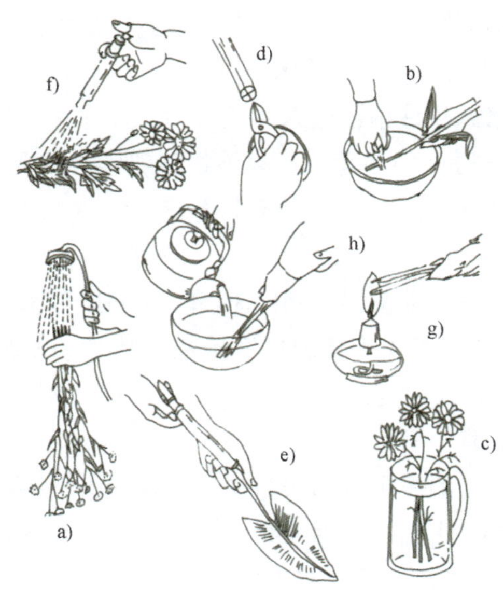


**图2—16 各类保鲜技法**

a）倒淋水 b）水中剪切法 c）温水插花 d）斜切法

e）注水法 f）间隔喷雾法 g）烧焦法 h）浸烫法

### 1. 物理保鲜法

（1）充分的水分供给

1）花材萎蔫复鲜法。如果发现花材出现花头下垂、叶片皱缩的萎蔫现象时，应及时采取复鲜措施避免造成损失。复鲜花材常使用以下两种方法：

① 倒淋水。将萎蔫的花材花头朝下倒着拿在手中，然后从上而下大量多次浇淋清水。然后，将花材包裹于报纸中，置阴凉潮湿处，不久即可复鲜。

② 深水浸泡。对已萎蔫的花材亦可直接浸没于水中，2～3小时即可完成复鲜。

2）水中剪切法。从场圃或郊野采来的花材，或由花店购回的花材，在插花造型之前应进行一次水中剪切。所谓水中剪切，即将花材的枝茎基部浸入盛满清水的阔口盆或水桶中，将枝茎基部在水中剪去或折去一部分，以便去掉已经进入气泡的那部分茎端，并可防止气泡再次进入导管，提高花材的吸水能力。

（2）温水插花。温水中含有的空气少于冷水，且表面应力低，易于被花材吸收，温水还可疏通导管中的气泡有利于水分的上升，一般30～40℃的水温插花较为适宜。

（3）扩大茎端的吸水面积。扩大花材茎端的吸水面积，也是提高花材吸水能力的有效措施之一，具体有斜切法、茎端捣碎法、剥皮法、劈裂法等，该法虽有提高吸水面积的优点，但也给细菌侵入带来了方便。

斜切法即将木本花材茎端切成斜口；茎端捣碎法即将茎枝顶端3～4 cm的一段击碎，此法多用于干较粗的木本花卉，如白玉兰、牡丹、丁香、蜡梅、梅等，以及茎较硬的草本

植物，如菊花、桔梗等也适用于此法；剥皮法就是剥去花材茎端的皮；劈裂法即劈开茎端，或者在裂缝中嵌入小砂粒，以扩大吸水面积。

（4）注水法。注水法即用注射器吸入水后，注入花茎内。注水法适用于水分较多的水生植物花材，如荷花、睡莲、黄金莲，这类植物茎部导管较大，剪切时易于进入空气，通过注水，不但可以帮助花材吸水，而且具有排除茎内空气的作用，可提高花材的吸水能力，增加耐久性。

（5）间隔喷雾法。用细孔喷雾器，每隔3～4 h进行叶面清水喷雾，也是一种保鲜的简单方法。运用此法应注意天气温度情况，温度高则喷雾的次数可多些，间隔时间可短些，如果温度较低则应控制喷雾的次数。

（6）防止切口感染细菌

1）保持瓶水清洁。插花的瓶水以雨水为佳，塘水次之，一般用的是自来水。为保持瓶水清洁，插花之前要将枝茎基部的叶片摘除干净，使瓶水中无绿叶浸入，以免引起枝茎腐烂。瓶水要勤换，一般夏季1～2天、冬季3～4天换一次水，正如《花镜》所述，“若三、四日不换，花必零落，蕊必干枯”。每次换水时，要加水至瓶颈的最宽处，使瓶水与空气保持最大的接触面积，以防止瓶水腐臭。另外若用自来水，最好先放置1～2天，使氯气挥发后再用。

2）烧焦法。对于切口有汁液溢出的花材，以及吸水能力较差的花材，如一品红、牡丹、桃、月季、紫藤等均可采用此法。所谓烧焦法，即烧焦花材枝茎端部，并使之炭化。采用此法处理后，可排出导管内的空气，防止茎内汁液溢出堵塞导管，并可杀死枝茎端部的细菌，提高花材的吸水能力。此法常年均可采用，其操作方法是：先用浸湿的报纸或毛巾将花材的叶片花朵小心包裹起来，只将枝茎端靠在酒精灯火焰上烤，使茎端部出现火焰，变得通红，直至烧焦为止，然后将烧焦的枝茎端部立即浸入水中，使其炭化。

3）浸烫法。将草本植物的茎端在沸水中浸烫，可起到与烧焦法相同的效果。浸烫时间的长短根据花材茎端和花材茎的粗细不同而异。一般浸20～30 s左右，外观上见到茎端部2～3 cm处变成白色时即可取出，浸烫后的茎端先于冷水中浸一下，然后浸泡在清水桶中，使之充分吸水后再用于插花。若浸烫前先在热水中加入少量食盐或明矾，则效果更佳。为了避免热水蒸气上升时损伤花朵及叶片，在浸烫处理之前应预先用较厚的纸将花材上部的花朵及叶片包好。

（7）降低植物体的养分消耗。此种方法是常用的鲜花保鲜储藏方法，即用低温方法降低植物生命活动能力，从而减少养分消耗，达到保鲜的目的。

一般将切花材料包装后放于低温下可延长储存时间，各种切花材料所需要的冷藏温度不同，通常草本容易失水，储存的温度低一些，例如，菊花在0℃时通常可存放30天，2℃时只能放14天，20～25℃时，则只能保存7天。又由于菊花含水量较低，若存放于低温中，易因脱水（干燥引起的）而影响新鲜。因此通常须保持湿度为85%～90%，温

度-4～0℃左右。而木本花卉低温冷藏温度，一般可比草本高2～4℃，如果储藏的鲜花数量较小，一般家用冷柜或冰箱均可作为低温保鲜工具。

### 2. 化学保鲜法

切花花枝凋萎的主要原因，一是水分、养分得不到及时补充，二是抑制了其正常的生命运动。为此，采用一些药剂控制水分的蒸发，提供养分，抑制切花呼吸强度等方法，对延迟花枝的自然衰老有很重要的作用。

（1）控制水分蒸发法。化学物质水杨酸能促进植物气孔的闭合，延迟鲜花的凋谢时间。如药店最常见的乙酰水杨酸（又名阿斯匹林），放入水中两三片就能分解成水杨酸酯，有效地控制花枝的水分蒸发。

（2）抑制呼吸强度法。鲜切花通过自然催化，呼吸加强会加快老化速度，从而使花瓣膨胀压减小、褪色凋萎。可用8-羟基喹啉酸盐或6-苄基嘌呤等药剂来抑制花枝的呼吸强度。

（3）控制乙烯释放法。乙烯是导致鲜花衰老的一种激素，也是花果成熟的催化剂，只要一点点就会加速花瓣脱落。为此，可用硝酸银、维生素K等溶解于水中，能有效地控制乙烯的释放，达到抗衰老作用。

（4）提供养分法。鲜切花如果没有养分的供给，则花瓣色泽变淡，花蕾乏力，花朵萎蔫凋落，可用蔗糖、葡萄糖或维生素等来补充养分。

（5）药剂杀菌法。用酒精、稀盐酸、醋酸、硼酸、薄荷油、高锰酸钾（PP粉）等药剂涂抹或浸渍切口，能起到杀菌防腐的作用。

（6）切花保鲜剂。不同种类的花材要求不同成分的保鲜剂，但不论哪一种保鲜剂都要求具备以下功能：能对花材补充能量，改善切花营养状况；抑制微生物繁殖；抑制花材体内活化酶的作用；沉淀水中的有害物质；降低瓶内水的pH值；抑制蒸腾作用；抑制花材体内激素含量，等等。根据这些原则，切花保鲜剂主要由糖、微生物抑制剂、乙烯抑制剂等按不同的比例配制而成。

## 实训一　花材识别与分类技能训练

### 一、实训目的

通过对常见花材的识别，掌握插花常用花材的类别，从而为以后的学习打下基础。

## 二、实训材料与工具

紫藤、银柳、唐菖蒲、散尾葵、蛇鞭菊、水烛、鸢尾、月季、菊花、香石竹、郁金香、百合、非洲菊、马蹄莲、红掌、黄金鸟、石斛兰、蝴蝶兰、满天星、勿忘我、文竹、天门冬、龟背竹、肾蕨、一叶兰等植物材料。

## 三、实训方法与步骤

1. 学生分组。
2. 学生以组为单位对花材进行分类和识别。
3. 讨论。
4. 对学生的分类及识别结果进行评分。

## 四、作业

要求学生回家后举出各类花材各5种，并画出主要花材形状。

# 实训二　花材（叶片）加工技法训练

现代插花中常将各种植物叶片运用折、弯、卷、揉、托、剪、撕等技法加工成各种形状以满足构图的需要。有时衬叶过大过长，或形状呆板、缺少变化，也需要进行修剪和加工造型。叶材的加工制作是学习插花的必修课程。

## 一、实训目的

主要训练折、弯、卷、揉、托、剪、撕等方法，使学生掌握基本的叶材加工技艺。

## 二、材料准备

巴西木、散尾葵、棕榈等植物叶片若干。

## 三、工具及辅材

剪刀、22号铅丝、美工刀、小型订书机、双面胶等。

## 四、实训建议

根据本地区叶材资料情况，至少训练学生掌握3～5种加工方法。

## 第二节　插花的流派与基本技法

### 一、东方式插花

东方式插花最显著的特点是花朵不需太多，它起源于中国，但在日本得到了发展。现今世界各地皆以日本插花为东方式插花的代表。日本插花源于中国古代插花，它在中国插花艺术的基础上，总结发展成了一门独具民族风格的艺术流派，并有一定的固有模式，因此我们在初学东方式插花艺术时往往从日本式插花入门。

#### 1. 东方式插花的艺术特点

（1）注重线条造型。故也有人称东方式插花为线条式插花。通过不同线条的长短、粗细、强弱、刚柔、虚实、疏密、曲直、顿挫，勾画出或飘逸、或粗犷的不同形态。此类插花不失自然风姿，源于自然而高于自然，形式多样，生动活泼，典雅秀丽，婀娜多姿。

（2）讲究意境，以形传神。借物寓意，表现诗情画意，使作品细腻含蓄、雅趣诱人、情景交融，主题思想丰富多彩，意境含蓄深远，耐人寻味。

（3）色彩雅致朴素。选用花材不以量取胜，而是以姿、质取胜，以木本植物居多。常用材料有桃、杏、梅、李、玉兰、海棠、牡丹、石榴、紫藤、山茶、月季、木瓜、佛手、枇杷等。草本植物有菊、兰、水仙、芍药、荷花、晚香玉、芦苇等。常用的配叶有八角金盘、苏铁、竹、万年青、枫、文竹、天门冬、棕竹、松、蕨类、芭蕉等。值得一提的是近代东方式插花常选用一些色彩明快的“洋花”，如红掌、鹤望兰等。另外东方式插花艺术中还运用一些较突出民族风格的容器和配件，如中国的古典器皿、名木几座，日本的陶瓷器皿等。

#### 2. 东方式插花的艺术形式

东方式插花的艺术形式大致可分成盛花与瓶花（投入式）两类。所谓“盛花”，通常是指在阔口浅身的花器内，使用剑山或花泥插出的插花作品的总称。而瓶花（投入式）插花，则是指在口小而身高的花器内进行插制的插花作品。这两类艺术插花在名称上虽然不同，但它们的具体造型形式差异不大，主要的分别是在花的运用和欣赏方面。

（1）盛花。“盛花”是借广阔的器皿巧妙地安排盆中的景致。常见的形式有：

1）直立型。第一主枝直立在水盆左后角，第二主枝插在第一主枝左前方，向左倾斜50～60°。第三主枝插在第一主枝的右前方，向右倾斜40～50°。要点是主枝必须直立，因此称为直立型，第二、第三主枝则略微倾斜，这是盛花的基本形式（图2—17）。

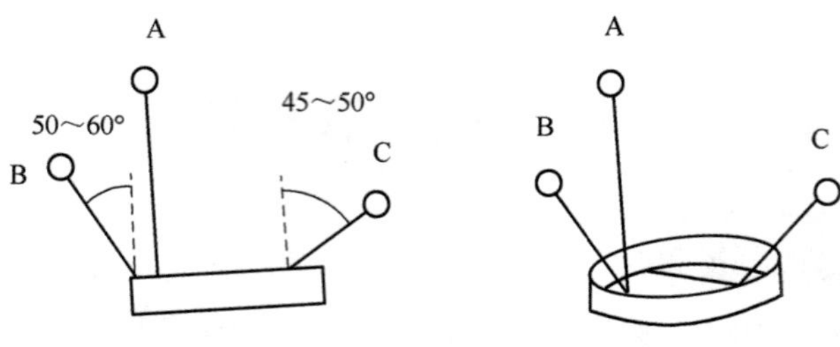


图2—17　直立型

2）倾斜型。第一主枝以70°倾斜插在水盆花器左前方（即上述直立型第二主枝的位置），第二主枝直插于水盆右后角（即直立型的第一主枝位），第三主枝位置倾斜，与直立型同。它的要点正好是直立型的第一、第二主枝位置互相调换而主枝倾斜角度更大，所以称“前立插”（图2—18）。

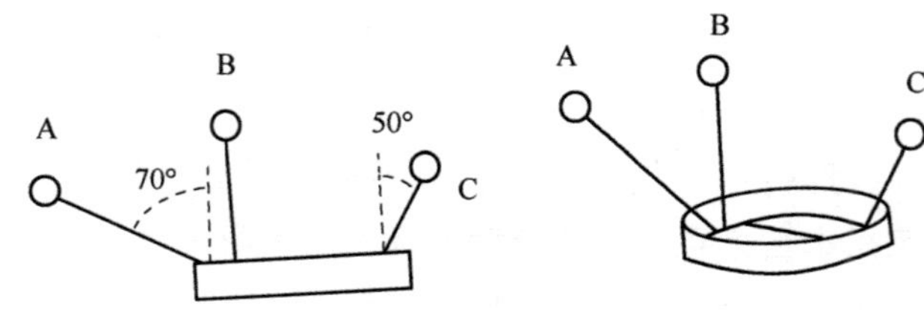


图2—18　倾斜型

3）下垂型。第一主枝位置如倾斜型，但必须由上垂下。第二主枝与倾斜型同，但要直立而不可倾斜。它的要点为第三主枝位置一如倾斜型，但第一主枝不倾斜而须下垂，长度没有限制，依环境条件而定，第二主枝直立（图2—19）。

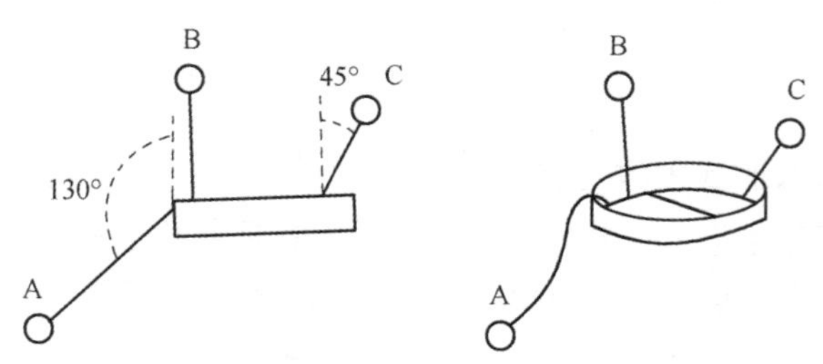


图2—19　下垂型

4）直上型。第一主枝直插在水盆花器中央，第二主枝直插在第一主枝左前方，第三主枝直插第一主枝的右前方。它的要点与直立型相似，不过直立型的三主枝均插在中央，直上而不倾斜（图2—20）。

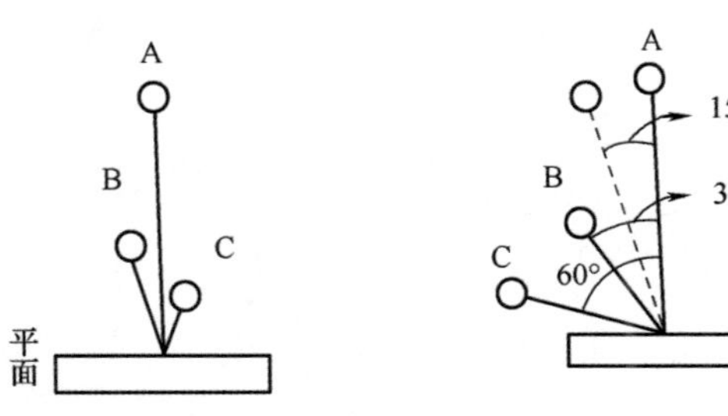


图2—20　直上型

5）对称型。第一主枝插在水盆花器中央，向左前方倾斜，第二主枝插在第一主枝前向右倾斜，第三主枝插在第一主枝前方居中直立。要点是第一、第二两主枝虽然左右倾斜方向不同，但花朵植物的高低近似于对称（图2—21）。

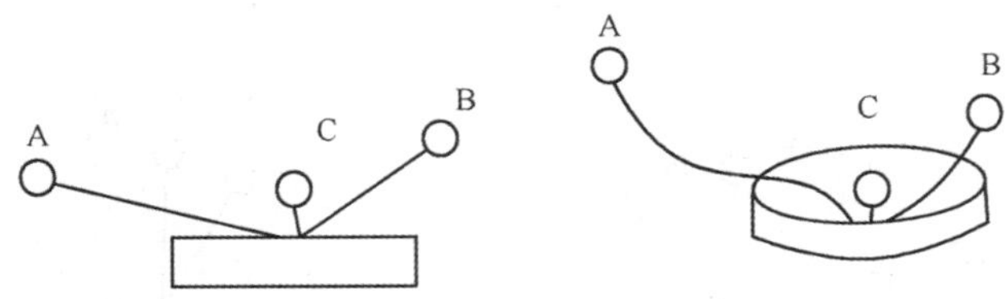


图2—21　对称型

（2）瓶花（投入式）。瓶花（投入式）是将显露部分花朵植物的雅致和狭窄口位花器互相配合形成的艺术作品。常见的形式有：

1）直立型。直立型插花亦是瓶插的基本形式之一，第一主枝直插在瓶左边中央，第二主枝插在第一主枝前，向左倾斜伸出，第三主枝插在第一主枝前略作倾斜，要点是第一主枝须直立，第二、第三两枝略带倾斜（图2—22）。

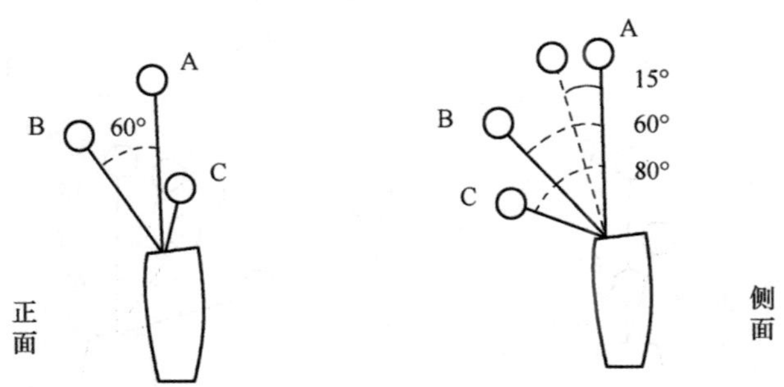


图2—22　直立型

2）倾斜型。第一主枝插在瓶左边，向左倾斜。第二主枝插在第一主枝前，直立。第三主枝插在第一主枝前略倾斜。要点是主枝必须要有倾斜度，才能名副其实，这也是瓶花的基本形式（图2—23）。

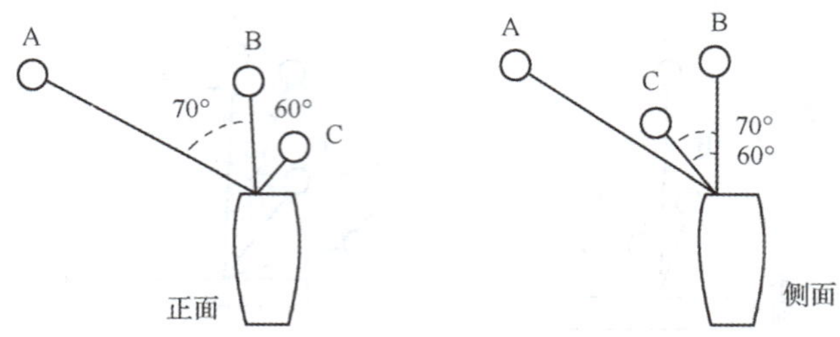


图2—23　倾斜型

3）下垂型。第一主枝与倾斜型位置相同，只是由上垂下，第二主枝与倾斜型相同，也是由上垂下。要点是三枝主枝位置如倾斜型，但第一主枝不倾斜，而是由瓶口伸出，尽量向下垂，下垂的长度与花枝的形态、放置的环境有关，没有具体长度要求（图2—24）。

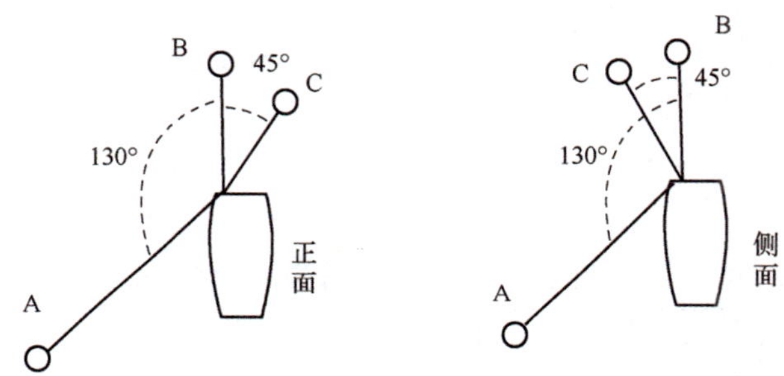


图2—24　下垂型

4）直上型。将第一主枝插于瓶中直立，第二主枝在第一主枝的前面并略向左倾斜，第三主枝在第一主枝前略向右倾斜。要点与直立型大同小异。唯三枝主枝皆是直立向上（图2—25）。

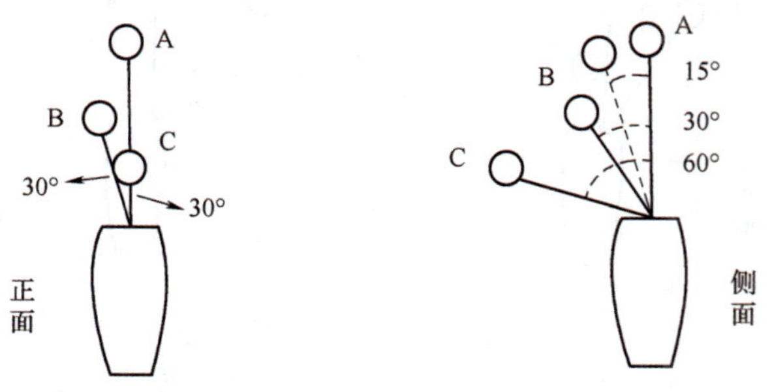


图2—25　直上型

5）对称型。第一主枝由瓶中央向左倾斜而上，第二主枝由中央向右倾斜而上，第三主枝插在中央直立。它的要点是第一、第二两主枝虽然倾斜但方向不同，插出作品视觉效

果近似对称（图2—26）。

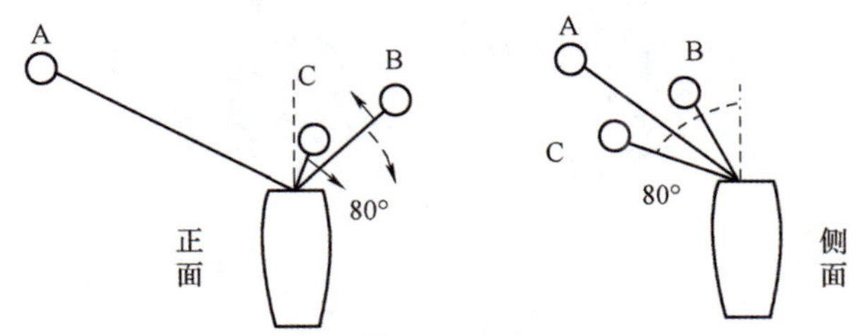


图2—26 对称型

## 二、西方式插花

如果说东方式插花是以自然美取胜，讲究诸要素之间的有机协调，那么，西方式插花则以人工美取胜，以几何关系协调为主流。如同西方的建筑、雕刻、园林和其他工艺品一样，西方插花艺术讲究造型的对称、比例、均衡、多彩，体现了蕴涵数理次序的图案美，加上丰富而和谐的配色，使西方插花具有独特的艺术魅力和优美的装饰效果。

### 1. 西方式插花简史及艺术特点

西方式插花艺术起源于古埃及，早在4600年前，埃及人就懂得用睡莲花插在瓶、碗里作为装饰品、礼品或丧葬品。这是迄今发现的人类最早最原始的插花作品。可以说西方插花艺术历史悠久，源远流长。我们通常把在埃及出现的早期用花方式看作西方插花艺术的前身。

随着文化的传播、战争和贸易的往来，插花艺术首先传至希腊、罗马，进而进入荷兰、比利时、丹麦、英国、法国并得到发展。然而真正发展繁荣并能获得艺术创作的自由，是在文艺复兴运动以后，同其他文化艺术一样，插花的主题表现不再受宗教束缚。插花类型亦多种多样。瓶花、花篮、花束、果盘等，成为室内陈设和社交活动常用的装饰品和礼品。插花技术更有了很大的提高，不再是简单的自然花束，而是选用多种大量的花材，进行色彩上和造型上的设计，匀称地插满容器，构成丰满而密集的大花束，初步形成了造型简单规整、花朵匀称丰满、色彩艳丽、形态直立的西方大堆头式风格。

### 2. 西方式插花的主要形式

西方式插花以几何形体构成为其主要形式。据其外形轮廓不同，常见的有：圆球形、球面形、椭圆形、金字塔形、放射形、不等边三角形、半月形、曲线形，等等（图2—27）。

图2—27　西方式插花的主要形式

（1）圆球形。圆球形插花即插花的外形轮廓线为圆球状。圆球形插花造型时宜按照从下向上的顺序，先插置立体轮廓，突出重心，然后在花朵的间隙及周缘适当插置陪衬花材。这样，既可打破单调感，又有助于造型完善。造型时注意花朵与花器融为一体，使包括花器在内的整个插花体外形轮廓呈圆球状。

（2）金字塔形。金字塔形插花亦称三角形插花，这是图案式插花中最常见的一种形式。在创作此类型的插花时，应先用花枝或叶枝插成三角形的基本骨架，然后将色彩艳丽、圆形大朵的花枝配置于中央显眼的位置以及空隙处，使花朵均匀呈三角形，外形酷似金字塔形状。适宜此类插花的花材，花朵宜中等大小，色彩要艳丽。

（3）半圆形（也称球形或馒头形）。该形式作对称的构图方式，花朵四面均匀，俯视效果为360° 展开，适应任何角度，常见于布置餐桌中央。制作时要求分配均匀，花朵选择整洁、娇嫩、色彩明朗，衬托枝叶不宜过高，疏密得当，达到八面玲珑，方为上乘佳作。

（4）直角三角形。直角三角形的插花是西方式插花中较普通的一种形式，其构图是典型的不对称式。构图中的两条直角边方向向上，宜插置较长的花枝，而向着斜边方向的中间部位宜插枝较短、花朵艳丽的花材。在造型过程中宜先插直角边方向的花材，再插向着斜边方向的中间部位的花材，即可形成完美的直角三角形的构图。花器使用长方形的浅盆可更好地发挥其观赏效果，使直角三角形插花更富有魅力。构图中三角形的斜面究竟朝哪个方向，要根据摆设的具体环境、位置确定。

（5）半月形。半月形插花也是典型的不对称花形，构图的外形轮廓呈弧线形如新月，造型时注意花材应按长短不同配置于不同的方向上，使长枝上伸、短枝下延，所有花

材均沿着弧线伸展，并且要使构图重心低落，下落花朵稍大、上部花朵稍小，或用花蕾、花朵与枝叶分布均匀，从而构成生动活泼的半月形插花。半月形插花宜采用柔软易弯曲的花枝进行造型，花器宜使用长方形的浅盆。

（6）L形。选择挺拔的花枝为主枝，以直立的形式插于花器的一侧，又用直立的花枝作水平舒展的形式横插于另一侧，构成L形的基本形状，在基部填补的花枝要紧贴主枝，就其整体造型而言，一般长短直角边之比为3∶1或2∶1，排列的花朵不宜松散，以突出其形，色彩以统一色调为主。

（7）曲线形。花朵排列如英文字母S的曲线形状，在制作时以大朵花构成其形，小花陪衬，注意构图中优美的线条和流动的节律感，在选择花材时不宜品种繁多、花色杂乱，以统一、完整、和谐为主。

（8）竖直形。亦称火炬形。该形为直立造型，犹如火炬，在制作时一般选择直立形花枝作主花，基部用圆形花朵相配，制作时可单面安插造型，也可作四面安插造型，这种造型向上伸展，适宜在环境较狭小的空间如走廊，墙角也可布置。

（9）扇形。亦称放射形。扇形插花的主要特点是主体花材由花器上侧呈扇面放射状，向上斜伸，放射状主体花材的前侧基部及空隙间配置花朵为中等大小，花朵色彩较为艳丽，亦巧置叶材，扇形插花宜用浅水盘作花器，适宜摆设于桌面、茶几上正面观赏。

上述的各种形式，只是西方传统的普通插法，西方式的插花形式正如绘画、摄影等艺术一样，通过艺术家的不断探索、不断改进，进而达到精益求精的境界，固定的形式只能代表一种模式，而这种模式亦不是不能打破或改变的，只有丰富的插花实践，才能使我们获得更多的创作经验。

### 3. 西方式插花的常规插作步骤

西方式插花形式多以图案为主，其具体插作程序也较为容易，就其整体造型而言，可依线条花、焦点花、补花三大程序进行插作。

（1）线条花。线是造型最基本的因素之一，线条花的功能是确定造型的形状、大小方向等。所以在插制过程中首先插置线条花，以确定作品的外轮廓，一般选用的材料有长穗状或挺拔的花或叶。如唐菖蒲、金鱼草、晚香玉、月季、康乃馨、棕竹、一叶兰、蒲葵等。线条花的最长长度一般是花器高度加宽度的1.5～2倍。

（2）焦点花。焦点花一般插在造型的中心位置，是视线集中的地方，要特别注意选用丰盈、鲜丽而富有神采的花材，一般焦点花选用单朵花类，如红掌、月季、大丽花、扶郎花、康乃馨等。

（3）补花。西方式插花的传统风格是大堆头式几何图形组合，其间很少空隙。要使线条花与焦点花和谐地融成一体，需用花形细小、丝状或羽絮状的花或枝叶作补花，小菊、石竹、珍珠梅、杂种补血草、文竹、天门冬等都是极好的补花材料。

西方式插花一般可先插线条花，确定花形大小、方向，然后确定焦点花的位置，再

插入补花填充，使各部分协调、融洽，构成完整图形（图2—28）。

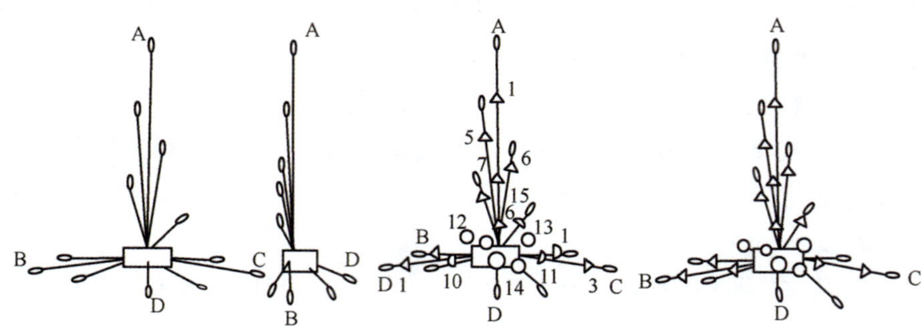


图2—28　西方式插花常规插作步骤

## 三、中国古典插花

中国古典插花受中国古代哲学、宗教、书法、绘画、园林、民俗等影响，从而形成了与西方式插花迥然不同的风格特点。

### 1. 中国古典插花的表现技法

（1）线条技法。线条美是我国传统的欣赏习惯。由于受中国画及书法的影响，人们感觉线比面更有情趣，更有生气，更能抒发感情。传统的中国古典插花中线条表现力十分丰富，可以用它来表风势、趋势等，显示了一种无形的力量的存在。各种不同风格的线条，表达不同的内涵，如粗壮有力的线条表现阳刚之气，纤细柔韧的线条表现温馨秀丽的韵味，动的线条给人以挥洒自如、酣畅淋漓的美，密集排列、顺势而下的线条则使人有一泻千里之感。线条是中国古典插花构图的骨架，它支配整个插花作品，确定作品的高度、宽度、深度等。另外线条要与插花的色彩取得协调，如浓重的色彩就须配上粗犷刚劲的线条，淡薄透明的色彩则须衬以轻盈飘逸的线条，这样才能达到和谐统一（图2—29）。

图2—29　线条技法

（2）写意与写实的技法。中国古典插花中写意与写实的技法与中国画的写意和工笔技法相似，可与中国的浪漫主义和现实主义诗风相吻合。插花是一种实物造型技法，中国古典插花的写意技法多是采用较粗大的树叶、枝条或一团野草、一簇树根、一块丑石等，以其随意、粗放地表现事物的大概面貌，使人联想到密林、飞瀑、大山、旷野等。而写实技法则采用清晰可辨的线条，用色彩鲜艳的花朵、叶材等表现事物的具体面貌。中国古典插花的写意、写实两种创作方法既可自成佳作，又宜结合运用，假若一件作品兼顾这两种方法，则作品枝叶传神，虚实对比，更具神韵了（图2—30）。

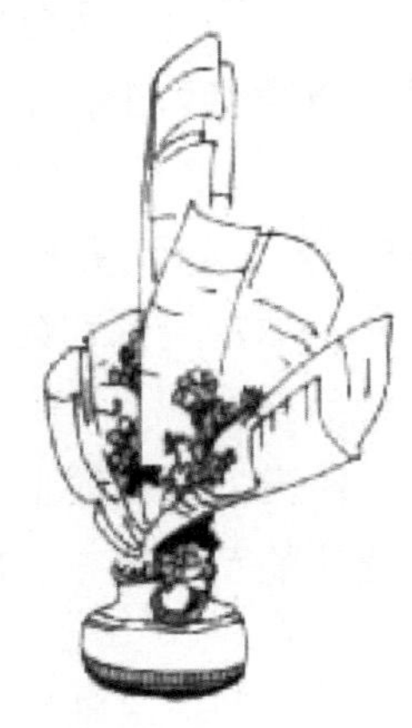
a）写意技法

b）写实技法

图2—30 写意与写实

（3）“破”的技法。单一的线条、单调无变化的颜色都会令人感到乏味。传统的古典插花艺术中，用“破”的技法使其产生起伏跌宕的效果。如一组表现风势的线条，在其中加插一两支反方向的线条，就觉得奇兵突出、激动人心；一组圆形的线条（圆形的叶子、圆形的花）若用一两支别的形状的线条来破，就能使插花的内容丰富，增添生趣。又如一较直的枝条，可以把其插得倾斜些，再用另一屈曲枝破之，这样能使整个构图活了起来。总之，直的常用曲的破，横的常用竖的破，圆的常用长的破，插花瓶口的线条不能全露，也常用花或花枝破之，色彩的处理也基本如是，方不显平铺直叙。“破正求奇”就是中国的传统技法之一（图2—31）。

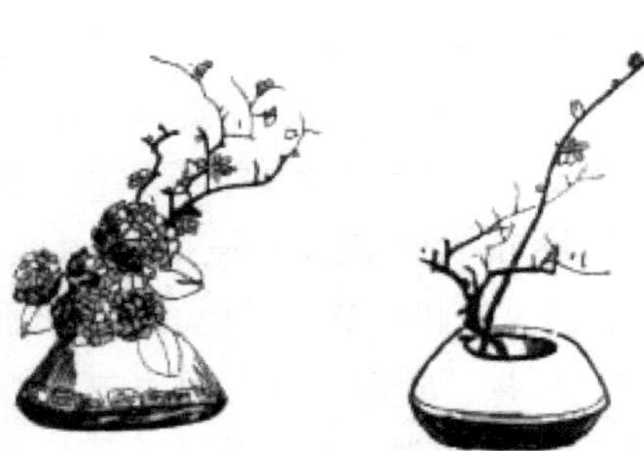
图2—31 “破”的技法

## 2. 中国古典插花的大致分类及几种特殊形式

（1）中国古典插花的大致分类。中国古典插花起源甚早，我国古代妇女很早就有头上插花的习惯。瓶上插花艺术大抵是由头上插花发展而来。瓶上插花最初用于寺庙供品，后传入宫廷，流入民间，而文人插花，更将这门艺术提高到了新的水平。中国古典式插花大致可分为以下四大类：

1）佛教插花。中国古典插花早期是以寺庙供花的形式出现的。佛教徒用他们最喜爱的图式，设计和创作出优美的造型，插在花瓶上作为供品。敦煌壁画的飞天仙女手上所奉瓶花，大抵就是这种佛教插花的一种形式。佛教插花的特点是以素雅为主，所选用的花材多为莲花、柳枝等。

2）宫廷插花。寺庙供花后为宫廷所吸收。唐代宫廷的插花，以讲究排场、色彩华丽、装饰味浓厚为特色。插花作品形体硕大，枝叶繁茂。这种富丽堂皇的宫廷插花，在以后历代皇宫中盛行不衰，并在不断改造中发展，尤以明清两代为最。

3）民间插花。唐以后，插花艺术流入民间，每逢节日或喜庆，人们摆上一盆色彩鲜艳的插花，并以字画、剪纸、灯饰等配合装饰，着意烘托出喜庆的节日气氛。民间插花随兴致之所至，风格明快、简洁，寓意吉祥。

4）文人插花。传统的插花艺术经文人士大夫的吸收、改造，创造出别具一格的文人插花。与宗教插花、宫廷插花及民间插花有所不同，它不重排场，不为祈福，主要是讲求情趣，借花明志抒情，讲究诗情画意，构图受中国画影响较深，插花的表现手法较灵活自由，多选用色彩素雅的兰、竹、松、梅、菊等植物材料。中国的文人插花在中国古典插花艺术中成就最高，尤其明清两代，在总结的基础上，将中国古典插花艺术推向了艺术的巅峰。

（2）中国古典插花的形式。多以主题思想表现和意境来分类，主要形式有：

1）理念花。盛行于宋朝和明朝初期，并为宋代插花的典型形式。其表达作者对人生、社会的愿望、抱负，或阐释宇宙的哲理、社会伦理道德等，借以发扬社会伦理精神，并具有祝福和庆贺之意。插制多以瓶花为主，亦有盆花，必须用铜或陶瓷等上等容器为几架与之相配。花材多选用各类素雅并富于象征意义的花卉，诸如梅、兰、竹、菊、山茶、水仙以及松柏等。早期的理念花的造型，十分重视线条的表现力，常使主枝屈曲扶疏向上，其他花枝交织有序地向四周伸展，结构严谨，脉络分明，造型高大而优美，具体特点是借物喻意，含义深邃，花枝繁茂，结构紧密有力，极富豪华典雅之美（图2—32）。

2）心象花。盛行于元代和清初时期，属文人插花的一种。借花抒情以此表达作者的主观心态和情感，倾诉个人内心的冥想和心愿，不受理学影响而重感情的表现。以瓶花为主，取材广泛，以富有象征性且极具“神态”的花材为主，如竹、莲、佛手、灵芝（如意）、孔雀羽毛等。创作浪漫，造型多变，瓶口丰满，寓意独特，具奇妙之趣（图2—33）。

图2—32　隆盛理念花

图2—33　元代平安莲

3）自由花。盛行于五代和元朝，属文人插花的一种。借花表现作者返璞归真、与世无争的心理和胸怀，自由自在地抒发个人特性和情趣，形式丰富多样，有瓶花、盘花、吊挂花、壁挂花等。在保持花材原有自然特点的情况下，广泛选用各种花材，既有格高意盛的梅、兰、竹、菊、百合、山茶之类，亦有野花等，造型自由多变，不拘泥一定的形式，以简洁的构图为主，艺术特点自然活泼、轻巧别致，富有雅趣和奔放潇洒之气（图2—34）。

4）文人花。流行于明朝中期的一种形式，多借此遣兴，畅述诗情雅意，体会自然纯洁之美。选用花材较少，常为一种，多则两三种，常用梅、山茶、松等具有点、线表现力的木本花卉，并常以灵芝、如意作配件。该形式不注重色彩表现，构图松散，具清秀、韵致、脱俗、俊逸之美（图2—35）。

图2—34　篮式自由花

图2—35　清雅的文人花

5）格花。流行于明清时期，此形式与文人花有不少近似之处，如选用花材少，以1~2种为宜，不注重色彩，但极重品位，讲究花材品格、气质，更崇尚幽静、高雅之美，因此造型时着重追求花材线条变化的形式美，而较忽视整体变化，一般多为不等边三角形构图，其特点是枝叶利索，线条流畅、简洁而具清新高雅之古趣。

6）新古典花。流行于明朝晚期，这种花形与文人花、格花也有许多共同之处，如多选用花色明丽鲜艳、花枝屈曲小巧、花朵高雅宜人的花材。容器常用瓶或篮，造型简洁活泼，色彩调和典雅，有古雅之风。

7）写景花。盛行于清朝。其崇尚自然美，常以写实手法重现大自然之美景。以盘花为主，亦有瓶花。以富野趣的花材或直接采折野花进行插作。如选荷花、香蒲、慈姑、竹、棕榈等，近旁有时亦配置奇石等物。多以直立自然式构图为主，注意花材的个体及综合性的群体的自然美，要求枝叶舒展，花脚自然，以体现真实、清新的自然美景（图2—36）。

**图2—36　清代写景式插花**

8）造型花。流行于唐、宋宫廷及清代。用以美化环境，烘托气氛，以及单纯作为艺术造型的欣赏。主要有瓶花、盘花等形式。选用材料广泛，除梅、兰、竹、菊、牡丹、山茶、蜡梅、百合、瑞香等具有象征性的花材外，一些水果、蔬菜也被广泛选用，如莲蓬、菱角、石榴、海棠果、桃等。造型分为果蔬造型与谐意造型两类：前者常将各种瓜果蔬菜巧妙堆置盘中，多呈半圆形或三角形构图；后者变化复杂多样，可有多种构图形式。果蔬造型花旨在表现它们的天然色彩和芬芳气味，给人以浑厚充实的美感；谐意造型花则不严格要求花材本身的形态和象征意义，而注意用花材名称的字音构思造型，以表现主题，赋予作品一定的含义和情趣。如用柏树、万年青、荷花和百合组成“百年和合”，由铜钱、拂尘、万年青、李子组成“前程万里”，由朱柿和如意组合“诸事如意”。

## 四、日本花道

日本的花道流派众多，其国内和世界各地都有各大流派的分支机构，可见日本花道虽源于中国，但却已演化为日本民族特有的艺术形式之一，并早已走向世界。

日本花道主要有立华、生花、盛花、投入花和自由花等形式，其中以立华和生花最富有日本花道的特色。

### 1. 立华

立华的含义为竖立的花。立华是池坊流插花中的代表形式，也是各种池坊流插花形式的源泉。它由7～9枝花材构图，分上、中、下三段插作而成，是一种左右对称而竖立的花形，构图严谨，意念抽象，着力表现山川峻岭、岩石峭壁、溪流山村等大自然的景观之美。每枝花材都有一定的长度、一定的位置、一定的伸展方向和插作次序，各花枝必须在胴内，并由此伸出，花脚集中呈圆柱形（图2—37）。立华方面还有传统立华与现代立华之分。

### 2. 生花

生花的含义为生长着的花。其起源于18世纪，成形于19世纪池坊专定时期。插花形式以三主枝为骨架，组成半月形或平面三角形等不对称形式，选用花材少而精，构图简洁，造型优美，亭亭玉立，充分体现出花材的自然形体美、色彩美与组合之美，同时也充分体现出人们对花草所寄予的情感。生花的三主枝分别象征宇宙的天、地、人（图2—38）。

图2—37　古典立华

图2—38　生花

### 3. 盛花

盛花出现于19世纪，由小原流创建。用浅盘花器和插花器插置花材的一种形式，表现自然景观之美（图2—39）。

### 4. 投入花

作为投入花插置的花器，其一般颈项较高，以便花材投入，而且不用插花器固定花材，仅将花材靠在容器的内壁或底部使之稳定（图2—40）。投入花对于初学者不易掌握，但对于插花熟练者则得心应手。初学者可以选择自然优美的花材投入成型，不失为一条捷径。

图2—39 盛花

图2—40 投入花

### 5. 自由花

自由花为近期形成的一种插花形式。主张表达各种花材自然之美和基本特性。其风格有自然式和抽象式两种。

## 五、现代花艺

花艺就是广义的插花。更确切地讲，就是用剪切下来的各种花材和其他装饰性材料进行艺术造型的创作活动，也可称为切花艺术造型，因此，它与插花艺术的创作原理和艺术表现手法基本相同。

### 1. 现代花艺与传统插花的联系与区别

现代花艺从其发展流行的时间进程来看，大致是第二次世界大战结束后，东西方整个艺术形态都趋向一种远离传统、追求自由抽象的艺术风格。东西方文化交流，文化多样化的发展趋势，促进了艺术流派和艺术形式的产生。从插花技艺来说，东西方插花技艺的交流、切磋，形成了一种互动的发展方式。由于用材的丰富、器皿的多样，使花艺从插花中分离出来成为相对独立的艺术形式，与典型的插花之间有了很大的区别。

从用材上讲，插花以植物为主，而花艺用材较为广泛，除植物材料，还可用许多非植物装饰材料，如金属、玻璃、塑料、棉麻、丝绸织品等。

从器皿上讲，插花以盛水容器为主，花艺则可以用也可不用容器，可以吊挂在壁面上或直接插制在台面，或利用架构物等为载体。

从技法上讲，插花以剪、插为主，而花艺可采用编、扎、拉、结、穿等手法。

从主题上讲，插花所表现的是自然，写实性多，富于理念，而花艺则表现得更为丰富多彩，更具时代性，更为浪漫。

从风格上讲，传统的东方式插花重在表现自然，重线条，重意境，以师法自然为指导思想，而花艺则是近现代发展起来的一种艺术形式，融东西方文化于一炉，展示了强烈的时代特色。

综上所述，插花是一门古老而精致的艺术，花艺则是一门发展中的时代性极强的艺术，两者之间有继承，更有发展。

### 2. 创新是现代花艺的特点

现代花艺受到现代绘画、雕塑、音乐、建筑等其他艺术的影响，成为现代艺术的组成部分。现代花艺更强调的是“创造”“创新”，这一特征主要体现在创作理念和形式技巧等方面。

（1）创作理念的创新。现代花艺的创作并不是让花艺作品服从自然，而是让自然在作品中服从于艺术创作，不再是自然形象的说明与再现。同时现代花艺把花材作为造型原材料，不顾忌其原有的形态，经过重叠、编织、捆绑、粘贴、分解、架构组合等处理后成为新的素材出现在作品当中。在作品中常出现倒锥形、梭形等自然植物不具有的形态，以体现设计者独特的思想与审美观。这种对自然、对花材观点的改变，使得现代花艺的创作空间获得了前所未有的拓展，不仅超越了西方传统插花纯装饰的作用，而且也不局限于中国传统插花中的描绘自然或与自然有关的景象。现实生活中的其他与植物素材无关的方面，诸如民族、环保、宇宙等都能够用花来体现。花艺师们甚至尝试着将心灵世界、情感世界、幻想世界等变成外在的可见的花艺作品。现代花艺的这些创作理念是来自于东西方传统插花或者说来自于东西方传统的艺术观。现代花艺发源于欧美，同时吸取了东方式插花艺术中“意境”的概念，在注重外形美的同时，注重作品的内涵，使插花从起纯装饰作用的西方传统插花演变为一门真正独立的艺术门类。

（2）形式技巧的创新。现代花艺的另一重要特点是追求视觉的刺激性与冲动，以花艺的自律性为依据，将花材等造型要素作有秩序的组合，追求造型的纯粹性和形式感，以视觉的刺激和愉悦为目的。如用大量的同一种花材不断重复形成一个面或一个体，构成简单的重复的美。又如用花材搭成倒锥形，或巨大的曲面或球体，或用不同色彩的花朵、花瓣重新“彩绘”、壁画，等等。有的设计师在设计作品时，其构成方式完全脱离自然物象，把自然花材看成或制成一定的点、线、面、体，成为花艺作品的基本形态。就像音乐的音符一样，音乐是通过音符，按作曲法则作成乐曲，使人在模拟的音调旋律中，获得感情的共鸣。而花艺作品则由植物构成的点、线、面、体、色等造型元素，按一定的规律构成作品，同样能使人们从非物象的抽象元素组合而成的艺术世界中获得如音乐一样震撼心灵的效果，表达感情和精神的内涵，完成创作者和观赏者之间的思想交流。

现代花艺的素材较以前有了较大的选择范围，园艺家们引种栽培各种奇异的植物，不断杂交育种，改良品质，使得花材的质量、色彩、花形更加完美。世界各地的花材相互流通，呈现出千姿百态，在花材极大丰富的同时，现代花艺中大量运用异质材料，如金属、塑料、石头、木材等。这些材料与植物材料相映生辉，丰富了插花语言，使花艺表现内容更加广泛。

## 实训三　插花主要形式（半球形、金字塔形、L形）训练

几何式花形按观赏的方向有单面观和四面观两种类型。一般靠墙摆设称为单面观赏，而餐桌或会议桌上的摆设则为四面观赏。插时需先确定其观赏的面数，然后根据图案形状，用骨架花插出图形的主轴，基本突出轮廓；其次突出焦点位置，插上焦点花；最后在轮廓线的范围内，围绕焦点插入填充花以填补空间，使各部分协调，融洽，构成完整的构图。椭圆形、金字塔形、L形花形端庄瑰丽，是西方式插花的基本形式，常用于各类室内场所。

### 一、半球形插法训练

该造型为四面观，外观为半个球体，常用于会议桌、餐桌的装饰。

1. 材料的准备

按花篮规格和造型特点选择适宜花材，确定骨架花、主体花、填充花的种类、色彩与数量，对所选花材进行适当整理与加工。

花材：月季、香石竹、一枝黄花。

配叶：蕨叶。

2. 花泥的放置

将鲜花泥按插花花篮的大小、深浅进行合理切削，要求放入容器稳定牢固，并高出花器3~4厘米；将花泥放入水中，自然吸水充足；选择适宜防水材料如塑料包装纸或锡箔纸等，衬垫于花篮中，放入花泥，摆放稳固。

3. 插制步骤

（1）在花泥中心插入骨架花月季1枝，形成半球形高点；插入6枝骨架花材构成半球形花的轮廓。

（2）围绕半球形的圆形平面插入配叶。

（3）在半球形轮廓范围内插入香石竹，调整各花枝分布位置使其形成规整、匀称、丰满的半球形。

（4）插入填充花（一枝黄花），填充作品空隙，调和色彩。

插花步骤如下图所示。

教学建议：用花均匀是插花基本功之一，该造型周正，适合初学入门，可以根据本款特点多加练习。

## 二、金字塔形插法训练

该造型为单面观插花造型，是西方式插花的基本形式之一。可以是等边三角形或等腰三角形，但常插成挺拔的等腰三角形，下部宽，越往上越窄，给人以庄严肃穆之感。适于会场、大厅、教堂装饰，也可布置于墙角茶几或家具上。这种插花常选用花钵、花篮作容器。基本造型以直立插入的主枝和横向插入的枝叶构成顶点，在这三点连线的框架内，插主花材和填充花材。

1. 材料的准备

按花篮规格和造型特点选择适宜花材，确定骨架花、主体花、填充花的种类、色彩与数量，对所选花材进行适当整理与加工。

花材：黄金鸟、香石竹、非洲菊、一枝黄花；

配叶：肾蕨。

2. 花泥的放置

将鲜花泥按插花花篮的大小、深浅进行合理切削，要求放入容器稳定牢固，并高出花器3～4厘米；将花泥放入水中，自然吸水充足；选择适宜防水材料如塑料包装纸或锡箔纸等，衬垫于花篮中，放入花泥，摆放稳固。

3. 插制步骤

（1）插入骨架花（黄金鸟）3枝，形成三角形平面轮廓，插入配叶（肾蕨）。

（2）在作品前端水平位置插入香石竹1枝，形成三角形的弧面端点。在作品高度的1/3～1/4位置45°角插入焦点花（非洲菊）1枝，完成三角形的立体构图。

（3）插入骨架花（黄金鸟）、主体花（香石竹、非洲菊），调整各花枝分布位置使其形成规整、匀称、丰满的三角形。

(4) 插入填充花(一枝黄花),填充作品空隙,调和色彩。

插花步骤如下图所示。

4. 教学建议

可以利用香石竹训练骨架,必须理解团类花材在金字塔插法中花朵的均匀分布。若有条件,骨架练习完成后,可用线状花材置换主、前、水平轴,用团块状或异形花材替换(焦点花、主花)。如有几种花材,插时不必一定把各种花都均匀分散,可以尝试一类花集中在一起、主轴变化等插法。

## 三、L形插法训练

该造型是英文字母“L”的大写,适合摆放在窗台和转角的位置。基本花形类似于一个直角三角形。但垂直轴和水平轴顶点的连线上不能有花,以突出两条轴线的向外延伸。在两轴所形成的两个三角锥内,花材比较密集,也是焦点花的位置,由此向外延伸的花材逐渐减少。该花形可作多样变化,纵横两轴线可稍作弯曲,表现更加轻松活泼。

1. 实训目的

通过骨架练习,目的是掌握L形插法的几个关键,即焦点花位置,主、前、水平轴的位置。

2. 材料准备

（1）花材。香石竹20枝，天门冬、海桐叶、巴西木若干，学生也可根据教师提供的花盘规格合理选择花材的种类与数量，列举出骨架花、主体花、焦点花、填充花、配叶的所选相应花材，并合理搭配花色。

花材的整理加工：学生对所选花材进行花材姿容整理；学生对所选花材、叶材进行必要的加工造型。

（2）花泥。1/3块（浸水备用）、工具、剪刀。

（3）圆盘塑料花器1只。

3. 插制步骤

一般竖线与横线的比例大约限制在2：1～4：3之间。在此比例范围内就能够形成较明确的造型

（1）插骨架花。单面观的L形，由3根主轴组成。

（2）插焦点花。在三轴交汇处位置插1～3枝花作为焦点花。

（3）插主体花。按上散下聚的原则，在两轴的交汇部位和轴线的空当部位插入主体花。

（4）插填充花。在焦点花周围插入长短不一的小花和配叶，一般应突出主

花，所以小花和配叶不要超过主花，应比主花稍低，色彩稍淡。这种花形在不同环境下可作多种变化，横轴方向的改变可形成正反L形。

4. 实训建议

学生根据花形结构特点，自己列出花材清单，结合花材特性进行花枝的剪截。分步骤进行骨架花、焦点花、主体花、填充花、配叶的插制，插制后对作品进行调整修饰。要求作品用材恰当，造型完整、规范，比例协调，色彩和谐。

## 第三节 礼仪插花与花饰

用于各种庆典仪式、迎来送往、婚丧嫁娶、探亲访友等社交礼仪活动中的插花称为礼仪插花。礼仪插花是用于社交场合的插花，是一种实用的插花形式，主要有胸花、捧花、花篮等形式，在艺术设计与制作的过程中，首要考虑与其实用性相关的因素。

### 一、胸花

胸花也称襟花，是会议及礼仪活动中广泛应用的装饰形式。男士胸花一般装饰在西装口袋上或领片转角处（图2—41a）；女士则佩戴在上衣胸前（图2—41b），显示出庄重、典雅的高贵气质。

a）男士胸花

b）女士胸花

图2—41 胸花

制作胸花体量不宜过大，用花不可过繁，以1～3朵花形美丽的中型花作主花，再配上少量衬花和轻巧的衬叶即可完成。主花材的色彩不仅应根据礼仪活动的性质不同而有所

区别，更要考虑服饰的色彩和质地进行精心选择。如会议用花庄重典雅，婚礼用花温馨明快，哀悼性用花则以冷色调为主。此外，尼龙纱、丝带等配饰物的色泽也要与主花协调，花梗和丝带的方向朝下，花朵在上。

制作时先选好主花材及衬花材，主花材花梗保留5厘米左右长度，衬花材摆布在周围，再用丝带加以点缀。蝴蝶兰、卡特兰、康乃馨、勿忘我都是常用的胸花花材，而文竹和蕨类植物常作衬叶使用。最后将花梗束在一起，切口处加上含水小棉团，用锡箔纸包裹起花梗，再用别针固定就可以了。

## 二、头花

头花是插在头发上的花卉装饰。在各种文艺演出、服装展示、婚礼仪式和民俗活动中广泛应用。常见的形式有以下3种：

### 1. 单花式

以一朵中型或大型花作主花，配上2~3枚衬叶，突出主花的花形美。也可用尼龙纱、丝带作衬托。如披肩发可选用这种花形，佩戴在耳侧（图2—42）。

### 2. 新月式

以3~5朵中型花作为构图中心，以小花作衬花，两端用衬叶或丝带做适当点缀。整体上看近似新月形。佩戴在左侧或右侧，各式短发型都适用。选择中心花时，花形、花色要协调，种类也不能过多，两三种即可（图2—43）。

### 3. 环式

佩戴于发髻上，呈环形或半环形。要求花朵匀称分布，以选择中、小型花为好，切忌将发髻完全遮盖，失去美感（图2—44）。

图2—42 单花式发型花饰

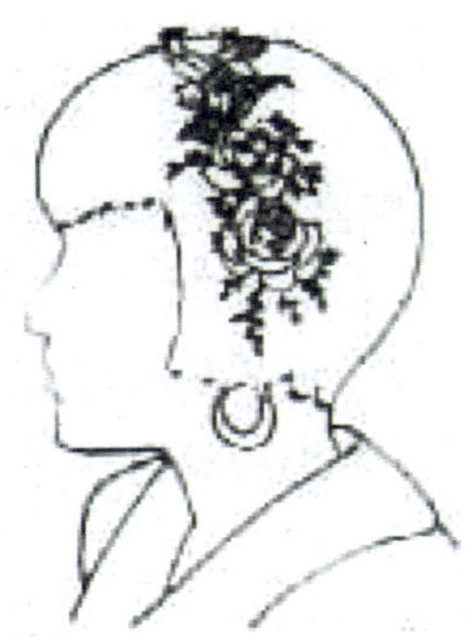

图2—43 新月式发型花饰

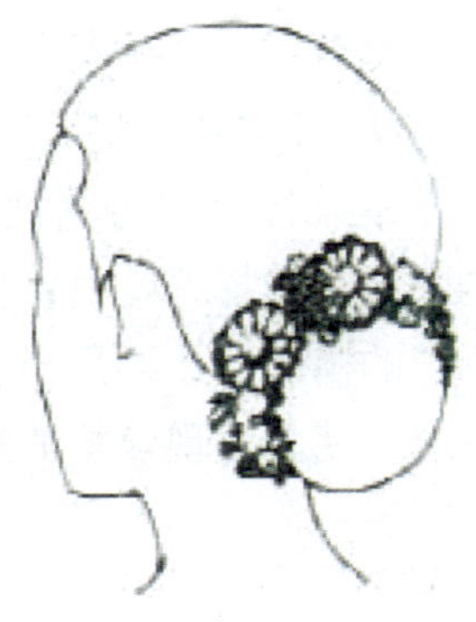

图2—44 环式发型花饰

一般来说，丝绢花和鲜花都可作为头花材料。常见的花材和衬叶有热带兰、香石竹、满天星、茉莉花、文竹、吊兰等，可用细铁丝串连，并用绿色胶带包裹。

## 三、花环

用鲜花装饰的软环，套在脖颈上佩戴，是一些国家迎送宾客和民俗活动中花卉装饰形式之一。

花环的形式及风格常具有鲜明的民族特色，对花材的选择也因地区不同而有区别。如东南亚国家多用热带兰类等既美又香的花朵编制花环。而在民俗活动中，对花材的选择随意性较大。还有一些花环用丝绢花编制，常作壁饰和天花板吊饰。

颈饰的花环，通常直径为30～50厘米。先用绸带编辫做环，把鲜花花朵用软绳或铁丝系在环上，用胶带把铁丝包起来。佩戴时要有舒适感。花朵的配置多用彩带式，无构图中心。

## 四、捧花

新娘捧花是新娘手持的婚礼花饰之一，可分为花托捧花和花束捧花两种。花托捧花是把花材固定在花托上，市售的花托均带花泥或合成树脂，使用时双手握住花托手柄放在腰前侧，使花托保持向上。花束捧花则不使用花托，可单手拿在身侧。

在设计和构图上可分为圆形捧花、瀑布形捧花、半月形捧花及自由形捧花。

### 1. 圆形捧花

从构图上看呈圆形球面，主花材基本等长；衬花材及衬叶用来填补空间或将主花材分开，形成一个四面观的丰满构图效果。制作时先在花托边缘插上一圈花朵，用来确定整个捧花的尺度，随后在中央均匀插上花朵，并调节长度，使其成球面，最后在主花材间隙插上衬花及衬叶，再加上丝带结就完成了（图2—45）。

圆形捧花造型圆润、丰满，有圆满、吉利的寓意，是东方人尤为喜爱的造型。适用的花材有月季、菊花、非洲菊、满天星、蕨叶等。

### 2. 瀑布形捧花

从构图上可分为两部分，上侧近椭圆形，下侧是一条向下延伸的弧线。制作时可依构图要求选择好花材，并用铁丝和胶带粘贴、固定。先制作捧花的上半部分，使其呈上宽下窄的椭圆形，再用小花朵和衬叶绑成一斜三角形作下半部主体，并用蔓性植物茎叶修饰下端，使其呈现流畅的线条，还可用丝带增加飘逸感。上、下两部分用铁丝拉紧组成一体（图2—46）。

图2—45 圆形捧花制作程序

图2—46 瀑布形捧花制作程序

瀑布形捧花洒脱、美丽，造型易与婚纱协调，是一种受欢迎的设计形式。适用的花材有月季、香石竹、热带兰、满天星、常春藤等。

### 3. 半月形捧花

花朵的分布是中部集中、两端稀疏，整体构图呈非对称式的半月形。制作时先按构图需要绑扎3个小花束，其中较大的作为半月形的主体造型，另外两个不对等的小花束分别固定在主体花束两侧，根据需要再加衬花、饰叶和丝带（图2—47）。

图2—47 半月形捧花制作程序

半月形捧花可单手拿在身侧，使捧花显得端庄、丰满、大方。花材选用多以一种花为主花，如百合、热带兰等，衬材可使用微型香石竹等一些小花，叶材也要用来修饰半月形造型。

#### 4. 自由形捧花

这种造型不受传统式构图约束，可在圆形、三角形、S形的基础上加以突破，也可运用手提式花篮、扇子等进行捧花设计，能够适合不同形式婚礼仪式的需求，与不同风格的服饰搭配。如扇子饰花与东方服饰协调，S形捧花富有浪漫色彩，篮式捧花端庄而典雅。总之，新娘捧花是一种特殊形式的束花。使用时要注意花束与用途的协调性。例如国外常用纯白色捧花表示纯洁，与新娘白色婚纱统一。国内主要以单一色的粉红或大红色作为主色调，适当衬一些其他色彩的小花，也有用两种花色混合，但不宜用色过多。造型上也一样，新娘个子较高，身穿长礼服，可配上瀑布性捧花。如果新娘个子矮或穿短装，应使用卵形捧花，以求和谐。

### 五、花篮

花篮是把切花经过艺术构图插在花篮中的装饰形式。它的功用甚广，喜庆宴请、迎来送往、开业庆典和亲友贺赠等活动均可用到，家庭的节日布置和艺术插花也常有运用。花篮通常分为商品花篮和艺术花篮两类，前者多用于商业活动，后者用于空间装饰。

#### 1. 商品花篮

这是一种具有欧美风格的，追求色彩艳丽、气氛热烈的大堆头插花。它有各种规则，大型的可在2米以上，分上、下两层，上层为主体，下层作点缀，常用于商业开市。单层提篮式花篮造型精美，上口沿约60～100厘米，用于文艺演出和商业展示（图2—48）。

制作时先把花泥用金属网包裹固定在篮中，用切叶插上衬底。主花材和次花材相间插入，使其成一球面。主、次花材间宜色调明快，或运用互补色、协调色均可。完工后喷洒清水，保持花材鲜度。还可选择适宜色调的丝带作篮体装饰。商品花篮常用花材和叶材有唐菖蒲、月季、菊花、苏铁、散尾葵等。

#### 2. 艺术花篮

艺术花篮的表现手法与花瓶、水盆的插花相同，追求“简洁、优雅”，具有东方式插花的气韵。其造型丰富多彩，以中、小型为主。常根据陈设空间的格调、环境的色彩、摆放位置及应用方式来选择花篮和设计构图形式。通常做三面观、平视欣赏。艺术花篮构图多呈不对称式的几何形，常用花朵的姿态、枝叶及茎蔓的自然造型，形成活泼、典雅的自然画面。在总体上应注意花篮与花材之间，主、次花材的搭配之间和陈设环境之间的均衡与协调（图2—49）。

艺术花篮应用的花材较广，但以花形优美的中、小型花为好，如郁金香、小苍兰、红掌以及梅花、蜡梅等。

图2—48　商品花篮

图2—49　艺术花篮

## 六、花车

婚礼花车在制作之前，首先要根据婚礼的规模进行定位，对花车装饰的花饰高度和位置确定好后，就可以对花车进行造型设计了。首先应根据婚礼的规模、场地与新郎、新娘的装束风格和色彩，来选定花车花饰的档次、造型，以及花卉主色调。当前较流行款式新颖、可以全方位观赏的婚车花饰。

装饰车头的花饰高度以不遮挡司机行车视线为准。花饰一般多分布于车头、车尾和车顶，还可以在车身边缘车门把手处装饰一些小品花饰。 在装饰婚车时，可选用专用的花泥吸盘来固定，也可用塑料纸把花泥包扎起来后用胶带固定在车头上，露出另一面即可插花。

花车的装饰可分为普通型与豪华型两种：

### 1. 普通型

造型一般较规则，以半圆球形居多，所用花材大多以象征爱情的玫瑰花为主，也有用洋兰、马蹄莲、百合、满天星的（图2—50）。

### 2. 豪华型

多采用自由式造型，显得较活泼、浪漫。使用的花材多为名贵的红掌、绿掌、蝴蝶兰、鹤望兰、文心兰等，陪衬的叶材用较漂亮的巴西铁、龟背竹、绿萝、鸟巢蕨叶、蓬莱松等（图2—51）。

图2—50　普通型

图2—51　豪华型

## 七、平面标志

平面标志是常见的形式，即用切花构成各类标志，如各类会标、主题文字。用切花制作平面标志方法很简单，一般选用花泥板为花材固定材料，根据图案选择不同色彩的切花、切叶材料插制即可（图2—52）。

图2—52　平面标志

# 第四节　室内花卉装饰与应用

在现代生活中，绿色植物及花卉是人与大自然相互联系的生命纽带，它们能净化空气、营造植物环境，为人们创造全新的居住空间，尤其在城市化进程加快、环境日趋恶化的今天，显得格外重要。

## 一、室内环境特点与花卉植物装饰材料

用各种植物作为室内环境装饰的重要材料，已成为当今世界各国的一个共同趋势。目前在我国各大城市中的机关单位、公共场所、宾馆饭店、购物中心、家庭等都引入了室内植物，室内环境的装饰艺术越来越受到重视。但植物装饰材料与生长环境密切相关，其生长的外界环境同室内环境条件截然不同。了解植物生存环境的基本因素是室内植物选择的基础。

### 1. 室内环境特点

（1）光与室内植物。光是室内植物最敏感的生态要素。同室外植物一样，其健康成长也受到光的3个特征的影响，即光照强度、光照时间、光质。

1）光照强度。对植物生长发育影响很大，按照植物对光照的需求把植物分为阳性植物、阴性植物和耐阴植物3类。室内装饰植物原产地多为热带、亚热带地区，主要是阴性植物和部分耐阴植物。在摆放植物时应根据室内光照的特点，选择不同程度的耐阴花卉。这样才能保证植物在较长一段时间的室内环境条件下保持正常的光合作用。

2）光照时间。光照强度对植物生长的作用可因光照时间的长短增强或减弱，而对植物开花起决定作用的是随季节变化的日照长度。室外植物的开花受自然控制，在室内则可通过人工光照时间的调整或黑夜中断的方式控制植物的开花，如一品红在正常条件下于12月开花，人为缩短其光照时数可提前至10月开花。

3）光质。光质主要是指对植物生长习性具有强烈影响的光波长。与室内绿化有关的室内光线有自然光和人工光源，人工光源用于补光，主要有荧光灯、白炽灯、高压汞灯、钠灯等。

日常管理、养护花卉时应注意掌握室内光照特点及其变化规律。在以自然光为主要光源的地方，如大厅、走廊、客房及居室内，光强度变化类似室外，夏季光照强度高，冬季光照强度低，在此区摆放植物应避开直射光。在走廊过道、客房、居室等自然光较弱的地方，需使用人工光源补光，否则植物会因为不能正常进行光合作用而受到严重伤害。

（2）温度与室内植物。温度的高低与花卉的生长发育有着密切的关系，植物的各项生理活动都要受到温度的影响。任何植物对温度的反应都有最适温度、最高温度、最低温度的变化幅度，只有在最适温度的范围内植物生长最好。各种室内植物的原产地不同，对温度的要求也不一样。室内植物大多选用原产热带、亚热带的植物，因此室内有效温度最好控制在18～24℃，最低不宜低于10℃。

（3）水与室内植物。植物体内绝大部分是水，因此植物离不开水。室内环境水源一般都有保证，只要精心管理是不存在缺水情况的。容易被人忽视的因素是空气湿度，室内观叶植物的特性是喜高温、高湿的环境，而室内湿度较低，除雨季能达到50%以上，其余时间均在30%左右。过于干燥的室内环境使植物难以发挥潜在的美丽。已有很多可行的增加湿度的方法，如利用空调进行控制，或在内庭设置水池、叠水、瀑布、喷泉等均有助于提高空气湿度，还可以成丛、立体化配置植物，使之形成一个相互依赖的群落，而单株植物蒸腾释放出的水分增加了周围的空气湿度也使植物相互受益。而当温度高、湿度小时，常通过叶面喷水来增加空气湿度。如室内温度不高，则所需要的湿度也相应降低。

为协调人与植物的关系，室内空气湿度控制在40%～60%为宜，如降至25%时植物就生长不良。此外与空气湿度相关的是空气流通问题。室内通风差，供给植物生长的$CO_2$、$O_2$不足，会导致植物生长不良，发生叶枯、叶腐、病虫滋生，故需要通过窗户开启，或设置空调系统及冷热器予以调节。

（4）土壤与室内植物。适用于室内的土壤大部分是根据植物所需来决定其土质。基本要求是疏松、透水和通气性能好，同时也要求有较强的保水、持肥能力，重量轻且卫生无异味。一般自然土很难达到要求，往往是多种材料的混合。目前国内外用得较多的是：腐叶土和堆肥土、泥炭土、沙和细沙土、珍珠岩、蛭石、泥炭藓、树皮等，这些材料可根据需要加以配合。此外，利用水或用沙、砾石、蛭石、珍珠岩等代替土壤并施用配合完全营养液的无土栽培基质效果好，越来越受到喜爱，是家居、宾馆等室内绿化的发展方向。

### 2. 室内装饰植物材料

用于室内装饰的花卉植物大致有两大类：自然植物和仿真植物。这里主要介绍自然植物在室内的布置艺术。根据栽培方式和应用形式来分，有盆栽花卉、鲜切花插花、盆景、悬吊观赏、艺栽、瓶景等艺术形式。

根据栽培种类及观赏特性可分为观叶植物、观花植物、观果植物、藤蔓植物、多浆植物和果蔬植物。

（1）观叶植物。它是以植物的叶片形态、色泽、质地作为主要观赏对象的植物类群，在现代室内绿化中占有很大比重。叶形有线形（兰花）、心形、戟形、剑形、椭圆、多角形等。多为绿叶、花叶、彩叶，或者花、叶兼具的。叶质有革质、草质、多毛等（图2—53）。

图2—53　植物叶的观赏类型

常见的观叶植物有：棕榈类有散尾葵、棕竹、鱼尾葵等；蕨类有铁线蕨、肾蕨、凤尾蕨等；天南星科植物，如龟背竹、花叶万年青、绿萝、红鹤芋等；秋海棠类有竹节海棠、银星海棠、蟆叶海棠、四季海棠等；凤梨科植物、龙血树类，如姬凤梨、巴西木等；竹芋类，如花叶竹芋等。

（2）观花植物。盆栽观花材料种类非常之多，由于其具有移动性，所以被广泛应用于各种场所。与观叶植物相比，观花植物需要充足的光照，夜晚温度较低，在室内的布置受到一定限制。常选择四季开花的植物，如扶桑、天竺葵、四季海棠、月季石榴等；其次考虑花叶兼具的种类，如蟹爪兰、鹤望兰、大叶花烛等；第三类是多年生植物，每年开花一至两季，如一品红、杜鹃君子兰等；第四类为一二年生植物，开花一季，如瓜叶菊、金盏菊、小丽花等。

（3）观果植物。室内环境装饰中可用的观果植物因受到条件的限制，故种类不多。常见的果大型者有石榴、金橘，小型果有万年青、构骨、南天竺等。具体特征是：

1）盆栽金橘。叶浓绿，果金黄，象征富贵。较耐旱，摆放时间长。宾馆饭店、商场门口常用其装饰。

2）盆栽石榴。果实红，是吉祥的象征。常作为宾馆饭店和家庭花卉装饰。每天浇水1次，可长期摆放。

3）盆栽佛手。果实形状奇特，似佛手，颇受人喜爱，秋冬可长期摆放。

4）万年青。是一种室内观叶、观花、观果的花卉。浆果球形，有鲜红和金黄两种，红色的状如珊瑚，黄色的形若金果，鲜艳夺目。适合在元旦、春节美化居室、客厅。

（4）多浆（多肉）植物。全世界多浆植物有1万多种，多为多年生草本和木本，生长在热带或亚热带的干旱地区，形态奇特，花朵鲜艳，适应性强，在室内、阳台、屋檐下可随处栽培和陈设。此类植物中最多的一类是仙人掌类、仙人球类，品种丰富，常作为宾馆饭店花坛花卉装饰主花。

（5）藤蔓植物。包括藤本和蔓生性植物。藤本植物有攀缘型，如常春藤、绿萝、龟背竹等，常用柱、架、棚使植物附生其上；缠绕型，如文竹、龙吐珠等，靠软茎缠绕于其他物体上生长，室内常用其他材料做成固着物，使其缠绕其上，形成各种植物造型。蔓生性植物是指有匍匐茎的植物，如吊兰、天门冬，其特点是植物体平卧或下垂，适合做吊盆栽植。

（6）果蔬植物。用果品、蔬菜装饰室内环境，可谓别出新意。其中有用苹果、朝天椒等果蔬的盆栽植株，也有用南瓜、柿子、佛手、葫芦等进行摆设，还有用一般蔬菜的叶和水果以插花形式造型或加工搭配组合来装饰室内环境，充满了生活的情趣。

另外，根据室内空间的特点，还可以把植物按其大小分为小、中、大、特大型。

小型植物：高度30厘米以下，包括矮生的一年生及多年生花卉及蔓性植物，如文竹、景天、常春藤等。适合桌面、台几或窗台之上的盆栽摆设，或做吊篮、壁饰、瓶景栽植。

中型植物：高度0.3～1米，包括草花和小灌木，如天竺葵、杜鹃、龟背竹等，可单独布置，也可与大、小植物组合布置，作为室内重点装饰。

大型植物：高度1～3米，包括大多数灌木和一些小乔木。如棕竹、边木、八角金盘、茶花等，这类植物适合栽植在室内的花池、花箱内。

特大型植物：高度在3米以上，主要指在室内大空间如多层共享空间的中庭及一些商业和办公空间种植的植物，如南洋杉、榕树、棕榈科的许多植物。

总之，作为室内装饰的花卉植物大致具有以下特点：

1）耐阴，易活，能长期保持原有状态。

2）具有较高的观赏价值。室内装饰植物是以形态、色泽、质地取悦于人。经过人们长期筛选，精心培植，而且以耐阴为主，生长速度慢，有较长的观赏期。

3）管理粗放，容易栽培。多数室内绿化植物对光照、土壤、肥料的要求不高，管理方便，有些仙人掌植物，耐干旱，多日无水也不会干枯。

## 二、宾馆饭店的花卉装饰

随着旅游业的不断发展，人们对宾馆饭店的装饰艺术及生活服务要求也不断提高，现代饭店的装饰风格已形成形式多样、不拘一格的多元化局面。其中，花卉装饰与陈设艺术是增强环境艺术效果必不可少的手段，它包括外部环境和内部环境的绿化装饰，这里重点介绍内部环镜的花卉植物装饰与陈设。

### 1. 花卉装饰的作用及布置原则

花卉植物作为现代宾馆饭店室内装饰品的一大类型，其发展日益加快与人们回归自然、亲近自然的生理及心理需求不无关系，具有重要的实用价值和美学价值，所体现的作用有以下4个方面：

（1）调节室内空气。城市现代化进程越来越迅速，但现代居室的某些建筑及装饰材料对人体是有害的。很多植物能吸收和减轻这种污染，如吊兰可将空气中的甲醛羟化成天然的物质，文竹、马蹄莲等吸收$SO_2$，水仙花能吸收汞，虎尾兰、龟背竹可吸收室内8%以上的有害气体。

（2）花卉植物布置艺术在丰富饭店色彩、美化环境方面具有重要的价值。因为室内的一些装饰艺术品，如大幅油画、玉雕以及各类装饰织物，包括地毯、壁挂等尽管美化效果也不错，但毕竟是没有生命的东西。而室内布置花卉植物则充满生机，使人能够放松心情，充满遐想，享受只有绿色植物才能带来的、人们深深渴望的那种愉悦。插花、盆景都属于立体造型艺术，极富生命力，其中插花作品的陈设是室内绿化中体现色彩的主要方式。通过造型来表达作者美的意念。在节日礼仪文化中，通过色彩的渲染来增添气氛，越来越受到人们喜爱。

（3）合理地调整空间和利用空间。要想真正有效地利用室内空间，需对空间进行必要的分隔和调整。花卉植物的装饰布置在饭店室内空间处理上，可以起到内外空间的过渡与延伸、指示与指向、限定与分隔空间的作用。如在饭店公共场合用盆栽花木排列来分隔空间，则颇具田园风情。如充分利用室内不规整的边角空间巧妙地设置观叶植物，可产生意想不到的效果。

（4）陶冶情操，创造情调。注重室内的花卉布景，能使环境更加柔和、优雅、浪漫、温馨。在宾馆饭店还有提高规格礼遇，表达各种情谊的作用。如大厅的角落和沙发旁放上叶子舒展宽大而柔韧的龟背竹，体态轻盈飘逸的散尾葵、袖珍椰子等；服务台、茶几上放着色彩艳丽或带着芳香的插花作品，会使大厅气氛非常活跃。当客人入住饭店，看到这类绿色观赏空间装饰物，亲切感油然而生，这也是国内外一些著名饭店大量布置花卉饰品的原因之一。

### 2. 装饰布置原则与技巧

在了解了室内花卉装饰的作用和各种装饰植物材料的基础上，接下来要掌握室内花卉装饰布置的原则和技巧。总体说来，就是利用形式美的要素和原理，使植物装饰与室内环境相协调，从而满足房间功能和人们的需要。花卉装饰品种类丰富，每一种材料或形式都有各自鲜明的特色与个性，要做到正确选择，合理搭配。

（1）根据目的、场所进行布置。室内花卉装饰首先应做到与环境相协调。现代饭店空间大，建筑风格多样化、结构多变、厅室繁多、功用不同。因此，进行装饰时首先要考虑布置风格，以室内空间的用途和性质为依据，并挑选能够反映不同空间意境和特点，并使其格调统一的花卉植物。如在古色古香的大厅，用苍劲的松柏盆栽或盆景来装饰就显得和谐统一；宽敞明亮的，建有水景的大厅，可用榕树、椰子、铁树等装饰，营造一种南国风情；在大厅内建有江南风格的内庭院，可配几丛翠竹，显得清秀典雅、韵味十足。另外，使用目的场合不同，装饰亦不同，如接待室、会议室可陈设赏心悦目的盆栽，如含笑、米兰、一叶兰、仙客来等。在节日或举行庆典活动时，宜摆放气氛热烈、色彩鲜艳的观花类花木。在明确所要装饰的空间环境条件，明确装饰目的和风格之后，就可以按植物的生态习性来进行布置，在不同场所、不同位置选择相适应的植物种类。

（2）根据形式美的规律来布置。花卉植物陈设在整体效果方面要注意掌握统一变化的规律，对每一种放置在空间的植物，都要有一个相对统一的格调。如具有南方情调的棕榈可以与花叶芋、非洲紫罗兰等配置。从外观形态特征的要求来看，要搭配得当，高低起伏有序。如在平直方正的几案或柜子中，放一个圆盘果蔬、盆景或瓶花，可以打破矩形直线的单调感。

色彩的协调要考虑两个方面：一是植物色彩与周围环境色彩的对比与调和，二是色彩与人、与环境功能的关系。在进行色彩搭配布置时，因环境色彩的稳定性，所以只能是调整植物种类来适应环境色彩。当环境色彩较丰富时，植物色彩要简洁、单纯；当环境色彩单调时，可用色彩丰富的植物加以点缀、亮化。当室内光线不足时，应用一些亮度高、色彩丰富的植物来布置。

另外，花卉植物陈设的位置要考虑尺度和比例，要与整个室内的尺度相协调，与其他挂饰品、家具、灯饰等取得均衡。选材时，根据空间大小选择体量、高度适宜的植物。空间大，选择体量较大、叶片大的植物，如龟背竹、散尾葵、马蹄莲、大花君子兰、苏铁等花卉。室内举架高的可选有一定高度的植物，如巴西木、发财树、橡皮树、大型桩景山水盆景等，也可布置藤蔓植物、常春藤、天门冬等；在较小空间则选择体型小巧的陈设品，如插花、小盆景、小型盆栽植物等。

（3）讲究合理配置、均衡布置的原则。室内的空间高度、宽度及陈设物的多少及体量决定了花卉饰品的数量及大小，如在2.7米高的房间内，植物的高度不宜超过2.2米，太高会产生压迫感，但高度太低则显得过于空旷。花卉在室内装饰中只起点缀美化作用，不能喧宾夺主，数量要少，质量要高，陈设时要做到主次分明、疏密有致、体现风格。可选择2～3种植物作为基调，如绿萝、一叶兰等，还可选用观赏价值高，形态、色彩艳丽的花卉作主景，如南洋杉、鱼尾葵、变叶木等，一般每个房间布置3~4种植物即可，悬挂植物只能1～2种，装饰美化，不是多多益善，太多的数量和品种，必显得拥挤、杂乱和无序，就更谈不上美了。

### 3. 宾馆饭店花卉装饰设计

（1）花卉装饰基本形式。宾馆饭店的花卉装饰要根据不同区域进行，其布置形式呈现多样化趋势。

1）按布局划分，包括散置、线状布置、块面布置、悬吊布置。

①散置。是将盆景、盆栽、插花等分散放置的形式，其特点是具有灵活性和点缀作用，如大厅边角的补缺放置，窗台、茶几和各种架子上点缀装饰都是散置形式。

②线状布置。是将盆栽排列成带状的一种放置形式，可以组成直线式、折线式、方形、四边形等，利用这种线状布置，即可组成一定图案效果，又起到疏导和组织隔断空间的作用。如在过道两边、高空回廊边沿线形排列的盆栽，餐厅内屏式的花架，节日期间大厅内外用盆花排成的花卉图案，就是这种布置形式。

③块面布置。平面式是将许多盆栽集中排列，形成各种几何形的花坛，其特点是形成各种层次和不同内涵的图案，在重要宴会、节日时常常用盆花摆成各式花坛。还有墙面式，用蔓性植物在墙面爬满，多用做背景或起遮蔽作用。

④悬吊布置。有悬空式、棚架式和壁挂类。悬空式利用吊篮将花卉挂在空中。棚架式是用竹、木、钢筋金属等材料做成顶棚、花架立柱等，或用攀缘植物缠绕，置于空中作主景。壁挂类主要利用托架挂在墙上，柱上作装饰，采用材料以插花小品居多。

2）按植物配置，形式可分为孤植、列植、群植等。

①孤植。是采用较多的最为灵活的配置形式，适于室内近距离观赏，其姿态、色彩要

求优美、鲜明，能给人以深刻印象，多用于视觉中心空间转变处（图2—54）。

②列植。是指两株或两株以上按一定间距整齐排列的种植方式。包括对植、线性行植和多株陈列种植。对植在门厅或出入口用得较多，起到标志和引导作用（图2—55）。常用南洋杉、印度榕、苏铁、金橘等。线形种植可形成通道引导人流。陈列种植适合中庭、内庭，多选用棕榈科植物。

③群植。指两株以上按一定美学原理组合起来的配置方式。包括丛植和群植两种，丛植用的植物少（图2—56），常见2～10株，而群植用的植物多，形式主要体现群体美（图2—57）。

图2—54　孤植

图2—55　对植

图2—56　丛植

图2—57　群植

（2）宾馆饭店各部分环境的花卉装饰与陈设布置。

1）大堂。大堂是饭店进门处一个较大的公共活动空间，包括入口、服务台、休息区、楼道等，是花卉装饰的重点区域。入口处雨棚是半开放的室内空间，宜选择耐阴植物，如棕竹、旱伞草、南洋杉，或大型盆栽植物，如榕树，常以对称形式布置在大门两侧。大厅中的花卉装饰应简洁明朗，根据空间大小位置，选择大型花木为主。在客人不涉足的角落、沙发及楼梯旁可放置巴西木、春羽、棕竹、假槟榔等。在沙发茶几上可摆放小型秀雅的观叶植物；桌、柜上可置插花，如总台一角可放一盆插花，一般以色彩鲜艳、直立形、倾斜形作品为宜。在大堂墙角等处，可配以高脚花架，摆设棕竹、龙舌兰、龟背竹等中型观叶植物，可配以悬吊布置，如吊兰、鸭跖草、花叶常春藤等，成为空间的点缀物。相当一部分饭店则在大堂中间置一张造型别致的圆桌，桌面上摆放色彩鲜艳的大瓶插花，为顾及四面观赏，多采用圆锥形插花，每一个均是三角形花面，使人们能从各个角度欣赏到它的艳丽。

2）中庭。中庭位置各饭店不完全一样，总之要创造一种接近自然、回归自然的环境，其布置主要以绿化、水石、雕塑小品为主。如设有水景，其周围配备休息座椅常结合种植槽，槽内摆放盆花加以装饰。有的中庭用巨大盆缸栽乔木或采用与地面连接的栽种观叶植物。处于高耸的中庭空间向下俯视容易使人眩目而产生恐慌心理，故多数中庭习惯在回廊四周设置格栅，便于摆放藤蔓类的植物改善视角，增加安全感。也有以走廊的栏杆作花池，棚的网架作吊盆。

3）客房。饭店标准间客房空余面积较少，可以小型盆栽、盆景及插花为主。客房应创造宁静、安逸的气氛，不宜选用刺激的色彩，可选用文竹、斑马花、兰花、夜来香等，也可放置瓶花，但以简洁为宜。套房内一般有单独的起居室，起居室中宜摆放鲜艳的花卉。空间较大的客厅，入口绿化装饰可以采用插花、盆景，如五针松、罗汉松等。墙角、柜旁、沙发边、窗边也可放置大型花木，如龟背竹、橡皮树、巴西木等。起居室的茶几、桌面上宜摆放插花、花篮、瓶栽植物。若中式客房有博古架，可摆放盆景、东方式插花，以取得与环境的协调统一。

4）会议室。宾馆饭店常配有各类会议室，作为办公、会议之用。一般中小型的会议室，常规装饰是在角隅配置大型观叶植物，如散尾葵、发财树、南洋杉等。在会议环形桌中间凹槽内，配置中型观花叶植物或随季节布置时令花卉，如一品红、瓜叶菊、万年青、西洋杜鹃等。若为平面桌，可配置矮小盆栽或插花、小型盆景若干盆。在插花的陈设上考虑热烈和高大的插花艺术品，但应以不妨碍视线为度，宜制作为竖立式插花作品，衬托出桌面的单调色彩，渲染会议的热烈气氛。

大型会议室常在主会议桌上摆放3～5株小型盆花，如四季海棠、一品红等插花饰品。在主会议桌前常摆放两排盆花，前低后高，前排常用天门冬、吊兰、蕨类等，利用小垂茂密的枝叶遮掩花盆，后排可根据季节不同选择一品红、君子兰、蟹爪兰等时令花卉。

而会议桌多为长方形、椭圆形、圆形，中间留出空的地面，适宜布置3～5盆较大观叶植物，充实空间，成为全室装饰的重点。

5）餐饮部分。饭店餐饮部分包括餐厅、宴会厅、咖啡厅、酒吧等。这些场所对环境的要求是温暖而清馨的，墙面多以暖色为主，周围宜选用较大型的观叶植物，并用悬挂、攀缘等形式点缀些绿色，以增添情趣。

桌几上常用插花饰品作为重点装饰，长方形的桌几插花宜构成三角形，置于桌面纵向的中心线上，隔相等距离放同种花卉；圆形桌几上插花宜构成圆形或半球形，放于桌子中央。隆重的宴会桌面中间，常摆鲜花或瓜果雕刻，周围铺设花围。花围一般用枝细、平整的枫叶、松针衬底，上有山茶、菊花、百合、丁香等鲜花形成均衡、规则的民族风格图案，以增加宴请的欢乐气氛，为突出主桌，主桌的台面插花通常是最为绚丽的。有些餐厅，还可以在餐厅上空用鸟巢蕨、吊兰等作篮式悬吊，也可与灯具结合，作顶棚装饰。二层高空可以悬于半空，使人们在上层或底层均可观赏。

## 三、家居的花卉装饰

家对于人生活的意义是人所共知的。家庭的环境，包括家庭成员的休憩环境、学习环境和人际交往环境等等。家庭的环境如何，对每个家庭成员都有着直接的影响。室内绿化装饰，在现代居室环境中起着非常重要的作用，它不但可以改善室内的小气候，美化家庭、陶冶情操，还能合理地组织房间，是形成视觉中心和家庭环境的有效方法。整个家居的绿化装饰，应借助家庭环境条件，结合各个家庭环境的实际情况，如面积大小、人文需要、生活需求、经济状况等，并结合家具装修等其他相关条件去装饰和配置，塑造艺术性，优化、美化家庭居住环境，达到实用、舒适、富有艺术感，体现主人个性、志趣、文化素养等。用植物点缀、装饰家居，既美观又经济。完整家居的室内部分，大多由门厅（走廊）、客厅、走廊、书房、卧室、餐厅、厨房、卫生间及阳台组成，配置植物时，按照各取所需的原则，根据户主的秉性和爱好，结合不同功能的房间所具有的特性、建筑形式、装修情况、家居摆设、主要色调，及植物的形状、品种、株形、色彩，同时，根据植物光合作用的需要，巧妙地与阳光、照明结合，有机利用居室的空间区域，与整个室内环境融为一体，相得益彰。

### 1. 家居绿化装饰的基本原则

室内绿化装饰要求布局合理，即要把植物装饰看作室内整体装饰的一个组成部分。完美的绿化装饰必须是科学性与艺术性的高度统一，既要满足植物和环境在生态适应性上的统一，又要通过艺术构图体现出植物个体和群体的形态美，以及人们在欣赏时所产生的意境美。

（1）比例适宜。比例是指提供装饰用的花卉植物、盆钵容器、空间表面、室内构件以及陈设的相对大小。比例适宜的装饰可使空间显得更舒适，使植物给人以亲近感及视觉和心理上的安慰，否则会让人感到不愉快。室内空间由于高度和视觉的限制，植物没有足够的生长高度，因此，在常规比例的室内空间中，花卉的高度不宜超过空间的2/3。除了要留给植物以生长空间及考虑光照的限制外，更重要的是顾及人的视觉感受，植物过高，会给人局促感和压抑感。但是，如果在很大的房间里摆放几盆小盆花，则会使人产生空荡荡的感觉。

一般来说，在高而宽阔的室内，宜选用体大、叶大、色艳的花卉，如巴西铁、七彩朱蕉等，既壮观又大方。较小的空间则宜使用株形较小的花卉，如君子兰、金心吊兰及蕨类植物等，会使人产生空间虽小，但充实、丰满、雅致的感觉。

（2）色彩和谐。居室内植物装饰中植物的色彩要遵从室内墙壁、地面、主要构件和家具色彩的设计意图，从整体上综合考虑。原则是依据色彩的重量感进行配置，“上浅下深”会给人以安定、稳重的感觉。色彩的运用还要强调统一与对比。如果环境为暖色调，应选用偏冷色的花卉；反之则用暖色调的花卉。这样既协调又提高了对比度，在产生视觉差的同时，衬托出整个空间的整体美。另外，空间大，光照好，宜用暖色花；反之选用冷色花。最后应考虑植物与季节、时令的协调。夏季可多放使人感到清凉的植物，如花叶芋、冷水花等，冬季可多放色彩鲜艳的花卉，春节可多放桃花、蜡梅、碧桃等，用以增添欢愉的气氛。

色彩的和谐，使人感到舒适，可以使室内环境更具吸引力。

（3）摆放得当。绿化装饰应起到组合空间、遮掩角落的作用，收到线条圆润、色彩柔和的效果。摆放要得当，就必须正确地使用装饰设计中的视觉焦点与重量技法。视觉焦点，其位置、数量、层次的设置是室内绿化装饰的关键。植物的高度、色彩、质地以及生长习性往往是人们所关注的对象，容易成为人们的视觉焦点。如将一株较高大的花卉摆放在许多矮小的植物中，将观花植物、观叶植物布置于绿叶植物之中等，这些都可在一片背景中突出主体。重复则是将不同区域联系在一起，使之形成统一整体的有效手段。最常用的技法就是重复使用某种特殊的花卉，使整个空间产生一种凝聚力，给人以强烈的视觉效果。

一般来说，宽大的房间可选用1～2株较大的花卉，放在墙角花架上，或选用几盆中小型喜光花卉集中于窗台附近，装饰成窗前花园。当然，茶几、书桌、组合柜上也都是花卉装饰要考虑的对象。窄小的房间，地面摆花多了会影响人们的日常活动，可采用吊盆、壁挂，或置于书柜顶部等形式向空间发展，既强调了高度，消除了窄小的感觉，又做到了“占天不占地”，也能使室内新颖别致，富有诗情画意。

此外，绿色植物有重新组合室内空间的功能，并掩饰或改善设计中的不足之处。它还能分割空间，提供置放杂物的场所，并能使狭长的房间显得宽短些。对缺少墙面的房间，可将植物放置于中间，起到衬托背景的作用。因此，不同性质的居室，植物摆放得当与否非常关键。

（4）配件相宜。在家居绿化中，还应注意盆体容器、几架台桌等饰物与植物主体在

形状、颜色等方面的视觉和谐，以达到整体的平衡。几架台桌上的植物绿化布局要体现出高低错落有序、上下交相辉映的艺术感觉。此外，几架、盆体的设计也十分重要，盆体的大小、形状、色彩和质地要与植物及所装饰的房间相匹配。大多数室内花卉，尤其是观叶植物，最好放于线条简单的素色盆中。此外，室内植物绿化还应当与房间中的灯光或美术装饰相匹配，增强神秘感，常可获得梦幻般的装饰效果。

（5）布局均衡。室内花卉装饰在布局上要注意均衡，给人以稳定感。均衡是布局组合中各组合元素之间或元素与整体之间在视觉上的平衡。均衡可以是对称的，也可以是不对称的。对称均衡即在轴线左右两侧以同一形式、大小、体量、色泽的植物进行装饰，显得规划整齐。但植物装饰方式中通常是采用不对称均衡，如在客厅内，一端墙面上挂一幅字画或风景彩照，靠墙的地面安放一组沙发，沙发间的茶几上放一盆应时花卉或小型盆景或一瓶插花；室内一角设一高几架，摆上一盆枝叶向下飘落的悬垂式花卉，另一角放上一盆体量稍大的棕竹或龟背竹等。这样布局格调轻松活泼，情趣盎然，令人愉快。总之，只有将花卉的形态、色彩、质地与装饰空间的建筑线条空间与地面形状、家具摆设等有机地结合在一起来考虑，才能形成合理的布局，达到布局均衡的目的。

### 2. 家居花卉装饰的基本方法

花卉装饰的手法多种多样，从布局形式上看，大体可分为点、线、面3种。“点”是指独立或成组摆放盆花，一般是把植物摆放在室内角落或阳台、桌面、茶几等处，或悬挂于空中，成为人们注目的焦点；“线”是指将植物栽植于一行，种植于槽内，或连续摆上一排或几排盆栽花卉，借以分割空间，形成绿荫遮掩的花卉屏风；“面”是指在室内墙壁前、墙角或直接在墙面上设置种植槽，栽上耐阴植物，使其布满墙面，形成一幅生动的天然图画。表现手法常见的有：

（1）摆放式。摆放式装饰是将盆栽植物摆在室内地面、几架或桌柜等台面上，供人观赏，灵活性强，可随时搬动，调整方便，使室内空间的结构经常变化，给人以新鲜感，是室内植物装饰中最常用的手法之一。

（2）悬挂式。用塑料、金属、竹、木、藤等材料制成吊盆、吊篮等容器，装入轻质栽培基质后，将枝叶悬垂的植物植入其中，再用金属链、绳索等吊挂于窗口、墙角、厅堂等高处，让枝条花叶自然垂落。这种手法给人以轻松飘逸、浪漫自然的感受，尤其适合小房间绿化。

（3）镶嵌式。在墙壁等垂直处镶嵌上特制的半圆形、三角形、梯形或花瓶式容器，装入轻型基质，再栽上生长茂密、下垂或横向展开或带有卷须的植物，如吊兰等。栽植时要使之大小相间、高低错落，犹如一幅花卉浮雕图案，雅致美观。

（4）立柱式。一些具有气根的植物，如常春藤、龟背竹等可做柱式栽培，方法是用棕皮、无纺布、海绵或类似的其他吸水的材料包裹在木柱、塑料柱或竹竿上，再用细绵绳捆好，即成立柱，待柱子立稳后，栽入具有气根的观叶植物。待植株蔓茎长到一定长度，

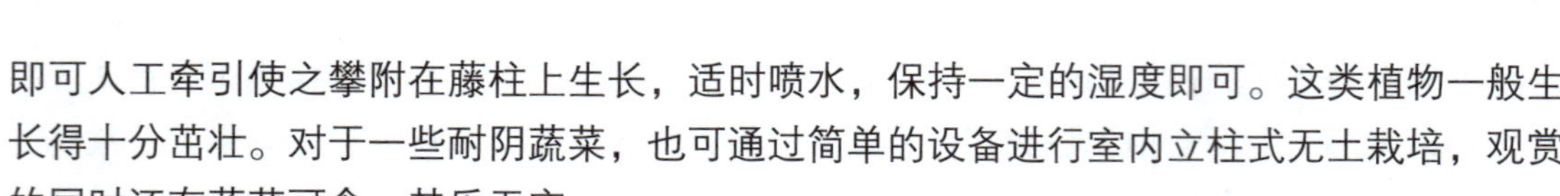


即可人工牵引使之攀附在藤柱上生长，适时喷水，保持一定的湿度即可。这类植物一般生长得十分茁壮。对于一些耐阴蔬菜，也可通过简单的设备进行室内立柱式无土栽培，观赏的同时还有蔬菜可食，其乐无穷。

（5）攀缘式。它是指将攀缘植物种于客厅墙角处，使其枝叶向上攀缘生长，布满墙面或天棚，形成绿色屏帘，为居室增添一片绿茵。

### 3. 居室的花卉装饰与设计

（1）门厅（走廊）。门厅（走廊）是引导人们进入室内空间的通道，有的家庭不设门厅，如果有，一般也比较狭小。因此，进行绿化装饰时，配置的植物要少而精，体量不宜过大，切勿影响人的活动。门厅的建筑装修有的追求淡雅，有的追求浓重，但其空间一般不太大，光线较暗，宜放置少量耐阴、色彩较鲜艳的盆栽观叶植物，可悬吊或壁挂，常用的植物有蕨类、一叶兰、黄金葛等。

（2）客厅。客厅是接待、团聚、休息、议事等多功能活动场所，既是家庭成员活动的主要场所，也是主人向外界展示自己职业、性格、情趣、修养的主要场所。客厅的植物设计，并不需要追求昂贵的堆砌，应尽量突出精神要素这一主题。“宾至如归”的客厅是我们追求的目标，典雅大方是它的主要特点。

客厅主要以沙发、座椅、茶几、电视或音响陈设为主，活动范围较大，应根据陈设格式及墙壁色调考虑布局。植物要根据空间大小、色彩调和等要素来考虑。用植物进行绿化装饰时，一定要注意数量不要太多，种类宜单纯，太多不仅显得杂乱，而且生长不好，客厅内放置的植物切勿阻塞出入走动路线。如果地板、墙面的颜色浅，可配以深绿色植物；如室内色彩深，则宜采用浅绿、淡蓝、乳黄等亮色同环境相衬，才能显得主次分明。

对于空间较大的客厅，入口绿化装饰可以采用较大而庄重的插花或盆景，如五针松、锦松或罗汉松等，起迎宾作用。在大客厅的中央，放置1～2盆高大、叶硕而舒展的南洋杉、榕树、棕榈、苏铁等分割空间。角隅，如墙角、柜旁、沙发边、窗边，也可放置大型花木，如龟背竹、苏铁、橡皮树、棕竹、棕榈等，还可以用龙血树、鹅掌柴，或以它们为中心，以小型盆栽作衬托，但注意一般都应配以白色高筒胶盆。在角隅处，还可以利用花架来布置盆花。对于一般家庭来说，客厅的面积较小，常在18～20平方米左右，客厅中央应选用小植株和枝叶细小的植物，大型的植物在角隅或局部使用，在角隅还可以使用经造型的迎春、紫罗兰等。彩叶草、文竹、花叶芋、四季海棠、水仙、四季樱草、球兰、仙客来等观叶植物，显示热情、好客、兴奋；也可用万年青、水芋、小型苏铁等观叶植物，显示南国风光；搭配室内装饰空间画面，使其更具立体感，又不占客厅的面积，常用吊竹梅、吊兰、天冬草、垂盆草、白粉藤类、常春藤、绿萝等植物。

另外，现在有些家庭的客厅趋向西方化。对于西式客厅的布置，首先要注意与家具的协调。若中西结合则效果将不伦不类，令人费解。装饰时依家具及其他附属设施的色调，可选用适宜的观叶植物，如竹类、鹤望兰、龟背竹、海芋、椰子、八角金盘、七叶

树、龙血树等，配置于地面或花台上，茶几、桌子摆放插花、花篮、瓶栽植物，或小盆非洲紫罗兰、网纹草、彩叶草、观叶海棠等，但忌放在客人与主人中间，以免影响视线，给人以分隔不方便感。

客厅是绿化装饰的重点，最好能与客厅的装潢设计及家居的色调、摆设相配合，如在大型盆栽植物旁选用一些竹、藤家具，给人以身处大自然的感受；客厅中常有博古架之类的家具，依照架内位置，可分别摆放盆景、插花、根艺、石玩及收藏的陶瓷艺术品等，又可以展示主人的文化风采。同时也可结合人工照明的使用，在光亮中客厅看起来会令人感到温馨而富丽堂皇（图2—58）。

**图2—58　客厅装饰**

（3）多用厅。多用厅是由于房间的使用面积有限，迎客、聚会、休息、看书、用餐等都集中在一个地方。多用厅一般面积较大，活动内容多，活动时间长，而且出入频繁。这种厅的花卉装饰要根据周围环境，特别要考虑家具的特点，以取得协调一致。

在用花卉装饰多用厅时，选择植物应少而精，以免盆花过多，影响人的日常生活和学习。可选择一些色彩鲜艳的观花植物，及鸭跖草、竹芋类等观叶植物。利用这些植物分割空间，或明确或模糊地隔离出会谈、进餐、读书等空间。在每一个空间的角落，可用少量适当的花卉装饰，如沙发旁的地面可摆放盆花陪衬，茶几上摆设插花，房间的角隅、窗边等处都可进行花卉装饰。也可充分利用空间，采用悬垂、吊挂、镶嵌、壁挂等装饰形式来增加气氛，填补平面用地的不足，同样能收到装饰的效果。

现在家庭大都装有空调，在空调制冷的房间里放置观叶植物，对其生长是不利的。因为观叶植物大都喜欢温暖而潮湿的环境，而在空调制冷时，植物受到冷气的吹袭，加上空气比较干燥，观叶植物的生长必然会受到影响，并容易产生叶缘、叶尖枯焦的现象。所以，如果多用厅中安装有空调，放置观叶植物的时间不宜过长，并尽量避开冷气的出气口，同时经常向植株的枝叶喷水，以提高空气的湿度。

（4）卧室。卧室是睡眠、休息的地方，环境要安静、舒适，以利睡眠和消除疲劳。光线不应太强烈，色彩可偏向冷色，给人以宁静安逸的感觉。

卧室内绿化装饰设计，要与墙面、地面、天花板、床上用品、家具、窗帘等协调统一起来。植物可选用一些中、小型的观叶植物或多浆植物，如吉祥草、虎尾兰等稍作点缀，数量以两三盆为宜。观花种类颜色不宜过多，要花色柔和，以免使人眼花缭乱，有不安宁的感觉。卧室内余下的面积往往有限，不宜采用大体量的植物和插花作装饰，可在梳妆台上装饰一瓶插花或小盆仙客来、蕨类、竹芋类等，衣柜顶部可摆放一盆枝叶下垂的植物，其他可装饰的地方为角隅及窗台。因为香气能满足人们嗅觉的享受，故室内可适当摆放一些带有淡淡清香的花卉，如小苍兰、含笑、丁香。摆放的位置最好在窗户旁，香气随风吹送，舒畅宜人，增添温馨的气氛。但应注意香味不能太浓，否则影响睡眠。兰花、百合的香气使人过度兴奋，也不宜用于卧室内。卧室的整体色调应以淡雅为主，但年轻人和儿童的卧室可以色彩鲜艳些，老人的卧室应突出清新淡雅的特点，室内植物以常绿为好。

卧室的主人一般比较固定，或是夫妇，或是儿童，或是老人，绿化装饰应有所侧重。

老人的卧室应突出清新淡雅的特点。应选择有良好朝向和比较宽敞的房间做老人的卧室。要从方便行动、保护视觉方面考虑，选择管理方便、视觉效果好的植物进行装饰。窗前房后种植花草或盆景，能取自然意境。室内装饰以常绿为好，如仙人掌、龟背竹、一叶兰、兰花、小型苏铁、柑橘类植物、矮棕竹、五针松、罗汉松、万年青、虎尾兰及兰花等，长年不衰，郁郁葱葱，寓意老人长寿、岁岁平安。同时，还应注意植物材料的选择。最好选择观赏价值高、管理方便、较耐干旱的品种，植株不宜过大。在卧室的桌上、茶几上可养殖水生植物。观赏植物的生长、开花过程，可调剂老人的生活情趣。总之，老人的卧室应着意于创造一个恬静、舒适的生活和起居环境，使他们安度晚年，分享幸福。

儿童、青少年的卧室应突出色彩鲜艳的特点，用简洁、明快的手法，创造舒适、实用的独立空间。用绿化装饰居室，把自然风光引入室内，是培养青少年心理素质，开拓少儿视野的有效手段。宜选用色彩鲜艳、引人注目、趣味性强的植物，如三色堇、蒲包花、变叶木、火鹤、仙客来、鹤望兰及姿形奇特的生石花、佛肚树、八角金盘、球兰等，可配上一定动物造型的容器，以培养少儿热爱大自然的情趣。另外，还要注意安全性，尽量少用或不用吊挂、盆栽装饰，以免儿童活动撞翻伤人；尽量少用多刺的植物，如月季、玫瑰、仙人掌类；尽量少用有毒的植物，如花叶万年青、虎刺梅、石蒜及有气味的植物，如五色梅、天竺葵等；一般也较少采用大型、浓香植物。另外，儿童们喜爱的含羞草也不宜在室内种植，因含羞草中含有羞草碱，会引起人头发脱落、眉毛稀疏。

新婚夫妇的卧室应以芳香为主，突出红中有白、阴阳各半、高低相衬的特点。可选用红玫瑰、蝴蝶兰、卡特兰、茉莉花、百合花、满天星等带香味的植物，红白相配。阴性、阳性植物各一盆，高低错落布置。适于室内的阳性植物有：米兰、杜鹃、山茶、一品红等；阴性植物有：绿萝、彩叶芋、鹅掌楸、巴西木等。插花是新婚房中最佳陈列品。在淡雅的新房里，宜采用暖色调的插花；反之则宜采用白色、金色或绿色插花。新房中一瓶

插花、两盆花木即可，既有情趣，又富丽、雅致。

有些次卧室安排在居室的北部，室内夏日的光线较强，其他三季光线弱。这类卧室夏日很难放置植物，但一些多肉植物，以及小型的龟背竹、棕竹、水棕竹等，还是可以放置的；而春秋冬三季，可摆放耐阴的兰花、珠兰等芬芳清幽的植物，床头、案边点缀广东万年青、南天竹等，也可增添安逸舒适的乐趣（图2—59）。

图2—59 卧室装饰

（5）书房。现代家居中，书房是必不可少的。书房是主人工作和学习的地方，但有时也是主人与亲密朋友促膝谈心的地方。书房环境既要清静优雅，又不失温馨，偶尔也需带几分催人奋进的气氛。色彩鲜艳或散发芳香味的植物，如君子兰、杜鹃、茉莉花；株叶雅致的观叶植物，如小型五针松、小型罗汉松、雀梅、榆树桩等，都是很好的摆设。

书桌上宜放上一盆文竹或玉树，或点缀一盆小巧的盆景、插花，但应注意盆景、插花的内涵和韵味；书架上放一盆吊兰或常春藤，博古架或小件摆设柜空当处，可放虎刺梅或武竹；靠壁的花架或沙发间的茶几上，可放层峦叠翠的仙人指或豆瓣绿、小盆龟背竹、水棕竹等；如果有向阳的窗台，其上还可摆放1～2盆米兰、月季等喜阳的盆花，窗口上则可吊挂一盆吊兰、鸭跖草类的观叶植物。

书房放置的植物以体态飘逸潇洒为主，不宜过大。枝叶的方向，除书架顶上悬挂蔓藤外，大多讲究“横向”发展，如文竹、仙人指以及五针松、罗汉松盆景，间以山水盆景等，给人以行云流水般的意念启示。配合书房的书画作品、古玩等，形成浓郁的文雅氛围，既增加无限诗情画意，又给人以奋发图强的醒示。

现代的书房都有电脑，所以最好能安放仙人掌一类的植物。因为仙人掌植物对消除电磁辐射有良好效果，既有装饰作用，又对人身健康起到保护作用。

（6）餐厅。现代居室的餐厅非常强调美好的环境。由于盆栽植物通常是带土的，为了安全起见，除了空间较大的餐厅墙角可安排一两盆大型植株外，一般餐厅不再在四周放置盆栽的绿色植物。现代餐桌的中间，偶尔也摆放一两盆小型观花、观果植物，如冬季的水仙、春季的迎春、夏秋季的瓜叶菊、五色椒、金橘、马蹄莲等。

通常，餐厅的绿化装饰还是以插花为主，可用于插花的植物有郁金香、月季、玫瑰、马蹄莲、文竹等颜色鲜活、洁净的切花。以绿色绿化装饰餐厅，无论是用盆栽还是花瓶插花，都要把它们的高度尽可能放低些，一是为了避免影响视线，二是为了降低枝叶的重心，以防倾倒（图2—60）。

图2—60　餐厅装饰

（7）厨房。现代居室的厨房，最讲究清洁卫生。而盆栽植物的栽植基质通常是泥土，为防止滋生细菌，厨房内陈设的植物要求叶面清洁无病虫害，基质要洁净。同时，厨房的油烟及浓油赤酱的色和味，对盆栽植物生长的影响也很大。因此，陈设的植物应有一定的抗污能力，如万年青、芦荟、龟背竹、吊兰或仙人掌类植物。但大多数厨房面积都不大，故摆设仙人掌时，要以不碍事为原则。有人主张在厨房里用蔬菜作材料，做成插花，既方便，又别具情趣，意“近水楼台先得月”，也是题中应有之义。这种看法和见解，无疑是正确和值得推广的。

（8）卫生间。在植物室内装饰中，卫生间通常被忽视，但在日常生活中，人们对卫生间的要求却越来越高。卫生间设施一般由浴缸、便器和洗脸池三部分组成，有的居室是三部分置于一间，有的居室是两部分合为一间，也有的是基本分开的。目前，居室内卫生间的面积都较小，一般为2.5～4.5平方米，还有相当一部分住户的卫生间是小于2.5平方米的。值得注意的是，卫生间的环境与其他室内空间环境有明显的差异，温度和湿度较高，光线不足。故卫生间应尽量开大窗户，或在通风换气口道增装排风扇，以利于保持空气清新，减轻气闷，轻松情绪。

运用观赏植物带来活泼的生趣，有利于消减身心疲劳和紧张情绪。在卫生间绿化装饰时，应以整洁、安静的格调为主。卫生间内能摆放植物的地方有限，应多选用小型的植株，多利用墙面挂靠。漆白或铺装白瓷砖的墙面，衬托植物的碧绿，效果更好。

卫生间绿化装饰，要选择植物本身适应性强的材料，如蕨类、冷水花等。卫生间内，一般不必做特别装饰，但在台面上、窗台上、储水箱上放置一只小瓶，插上一朵小小的花朵，摆上一小盆绿茵茵的小草，定会使这个沉静的空间顿时生动起来。花朵与小草还可以创造清爽洁净的感觉。

具体布置时应注意：不要妨碍盥洗，太靠近洗脸盆、马桶的位置是不方便的。室内常有放置肥皂、清洁剂等用品的小架，可以利用它们摆放一些观赏植物。在卫生间的上方可能有些管道，可以用来吊挂悬垂植物。

在现代生活中，浴室是室内生活中清洁卫生的场所，是人们身体轻松、消除疲劳的地方。因此，在一些面积较大的浴室内，可结合一些健身活动，但要注意植物对环境的要求会有明显改变，要求光线和通风良好，更要注意加强植物的装饰效果。

（9）阳台和窗台。阳台与窗台的绿化装饰是人们在居室内与外界自然接触的媒介，它不仅能使室内获得良好景观，而且也丰富了建筑立面造型，美化了城市景观。现在，许多家庭把阳台密封起来，这样使阳台更适合于进行绿化装饰了。

阳台一般都在楼房的高处，面积为2～5平方米。存在空间小、风景大、空气干燥、光照强烈等不利因素。阳台一般是水泥或砖石铺装，夏秋间，日照强，吸热多，散热慢，蒸发量大，较燥热；在冬季则风大而寒冷，花木易受霜冻之害。基于这样的环境条件，要因地制宜地选择植物，特别注意要与建筑外观色调相协调。

在进行阳台绿化装饰时，必须根据阳台的朝向及生态因素变化的特点，选择适宜的花木：

1）向阳阳台。光照充足，通风良好。可恰当选择观花、观果、观叶的各类花木，合理地搭配。观果的植物如金橘、玳玳、四季橘、石榴、猕猴桃、矮化砧盆栽苹果、葡萄等；观叶的植物如常春藤、花叶芋、彩叶草、凤梨类等；观花的植物如月季、石榴、天竺葵、菊、一串红、凤仙花、万寿菊、矮牵牛、米兰、茉莉、九里香、夜来香等。

2）背阴阳台。喜阴或较耐阴的花卉较适宜，如山茶、杜鹃、鸭跖草，栀子花、蜡梅、兰花、棕竹、文竹、万年青、吉祥草、南天竹、花叶芋以及观赏竹类等，还可以选用一些观叶花卉，如蕨类、花叶常春藤、万年青、龟背竹、紫鸭跖草等。此外，荷花、碗莲等水生花卉也适宜种植。

3）东、西向阳台。一般阳性花卉均可栽植。朝西阳台，夏季西晒时温度较高，易对红枫、山茶、杜鹃、君子兰及一些叶质薄的花木产生日灼危害。若于阳台角隅栽植蔓性藤本类的大花牵牛、绿萝等，形成“绿色屏幕”，既可避免炎炎烈日，又可点缀阳台。

窗台的绿化一般用盆栽的形式，以便管理和更换。窗台边日照较强，且有墙面反射和对植物的灼烤，应尽量选择喜阳耐旱的植物。

其次，在阳台、窗台绿化装饰设计中，应注意选择不同花期的植物，做到四季有花，次第开放。春季可选用三色堇、多花性樱草、延命菊、多茎草、金盏花、香雪球、少女樱草、瓜叶菊、风信子、水仙、番红花、葡萄风信子、郁金香、毛茛、白头翁、杜鹃、海棠、山茶、洋绣球、九重葛等；夏季可选用孔雀草、金莲花、金鱼草、六倍利、康乃馨、飞燕草、百日草、松叶菊、延命菊、洋绣球、玫瑰等，还可选用观叶的植物，如黄金葛、常春藤、吊竹梅、水竹、龙血树、椰子、变叶木等；秋季可选用的观花植物，如百日草、一串红、凤仙花、酢浆草、彩叶草、菊花、蟹爪兰、仙人掌等；冬季可选松、柏类盆景等，还可以与室内植物互换，但应注意气温变冷时放入室内。在阳台、窗台上，还可选用攀缘植物，如绿萝、常春藤、蔓性月日草等。

最后，选择观赏价值高、植株矮小、紧凑的花木。由于花盆、种植器容积小，宜选须根系的花木。特别注意植物的适应性，优选具耐热、耐旱、抗污染的植物。

阳台装饰中，在有限的阳台上，要充分利用空间，设法进行绿化、美化。要注意阳台的荷载能力，保证安全。

在阳台上，常用垂直绿化的方式进行绿化，以充分利用空间。垂直绿化的方式有：

①垂吊。利用阳台上方的晒衣架（铁横梁）挂置植物，如吊兰、花叶草、常春藤等。要用色泽淡雅的吊盆或用藤、竹、柳条、椰子壳做成花篮式吊盆，套盆注意要留有排水孔。吊链可用金属的，彩丝编织、麻绳、尼龙绳等也可，吊盆不宜过大，要特别注意安全。在墙壁适宜处亦可悬挂壁瓶，栽植小株型的观叶、观花植物，构成立体画面。

②攀缘。把悬崖状的盆栽，如悬崖菊、雀梅、五针松等放置在阳台向前处伸展的花架的两侧或前方。墙面、角隅、栏杆上也可种茑萝、牵牛花等花叶并茂的植物，用线绳索形成“花屏”。

③搭架。在左、右墙与阳台之间可利用的地方打眼钻洞设架，大小约为宽40厘米、长90厘米，上下两层。上层放微型盆景，下放山水盆景或盆花，层次分明，各有特色；或用砖砌成1平方米见方，自下而上层层缩小的塔形花台，约占阳台平面的1/4，可放植物5层，两面均可得到阳光照射，给人立体感；或利用旧材料加工成宽45厘米、长250厘米、高70厘米见方的搁架，加固在阳台上，可放植物。架上光照充足，雨露滋润，可弥补内阳台之不足。

另外，还可以利用紧靠阳台长达100厘米的窗台摆放若干小型或微型盆景，既美观又不影响居室的光线，且在室内可直接欣赏到植物；在阳台上放一张40厘米见方的桌子，可以放一两盆植物。

在阳台、窗台绿化装饰中，必须遵循艺术布局的原则，要尽量给人以主体画面的美感。每放置一株植物，都要做到有新意，植物布置时要留有余地，使各植株充分伸展，少而精，避免太多而给人以杂乱无章的拥挤感。因此，在绿化装饰设计中应注意层次分明，适当分类，及时调整，南北结合，色彩搭配。

阳台、窗台绿化装饰是栽培技术与装饰艺术的结合。它的具体布局也与居室内绿化装饰一样，没有既定的模式，要根据阳台的朝向、大小和个人爱好来确定。

# 实训四 室内花卉装饰材料的识别与分类

## 一、实训目的

1. 识别常见的室内花卉装饰材料30～50种。

2. 通过调查能够对各种装饰材料按要求分类，并熟悉其主要观赏特性及适用场所

## 二、实训材料用具

笔记本、直尺、卷尺、笔、相机；根据实地条件灵活选择室内花卉装饰植物30～50种。

## 三、实训内容与方法步骤

该项技能训练围绕技能目标，需通过两个主要循环过程来完成。

第一步：重点强调对该类花卉植物材料的识别、熟悉并掌握其主要形态及观赏特性。具体步骤为：

（1）在实习花圃、温室选取常用的30～50种花卉材料，教师描述每一类花卉的主要特征。

（2）学生仔细观察并记录，分组进行识别练习。

（3）品种识别实地考核。

第二步：在学生对于花卉材料种类已比较熟悉的基础上，开展外出参观与调查，参观地点可选择较大的花卉市场、宾馆饭店、展览馆、商场、医院等公共场所，可以采取集中参观或以学生为主，分组分散进行参观与调查，有条件的小组可用相机将较好的花卉装饰布场景拍摄下来。

## 四、作业

1. 完成花卉装饰材料调查表（每人1份）

| 序号 | 名称 | 科属 | 观赏特性 | 高度(cm) | 特殊用途 |
|---|---|---|---|---|---|
| | 春羽 | 天南星科蔓绿绒属 | 观叶 | <60 | 攀缘 |
| | | | | | |
| | | | | | |
| | | | | | |
| | | | | | |

2. 按一定的标准进行归类（每组1份）

盆栽观叶类植物

| 类别 | 名称 | 主要特点 | 适用场所 |
|---|---|---|---|
| 喜光 | | | |
| 半耐阴类 | | | |
| 耐阴类 | | | |

盆栽观花观果类植物

| 类别 | 名称 | 主要特点 | 适用场所 |
|---|---|---|---|
| 喜光 | | | |
| 半耐阴类 | | | |
| 耐阴类 | | | |

3. 效果好的装饰照片或示意图（按小组进行）

### 五、小组讨论与小结

该技能训练，应穿插在理论授课过程中进行，通过学生对实例的参观与调查，整个过程中巩固对室内装饰原则及基础知识的学习和掌握，为进一步学习打下基础。

## 实训五　室内公务场所的花卉装饰与布置技能训练

### 一、实训目的

1. 学生能够根据不同的目的和场所进行室内花卉装饰与陈设，从而加深理解室内装饰设计基本原理。

2. 通过对礼堂、会议室的现场布置训练，从整个过程中，掌握装饰基本环节，从而提高实践技巧。

### 二、实训材料工具

测量皮尺、白纸、笔、推车、套盒等，各类室内观花果、观叶植物若干种（就地取材）。

## 三、实训方法与步骤

为了便于操作，充分利用校园内设施完成技能训练，以达到举一反三的效果。

1. 要求

礼堂会场的花卉装饰主要起到烘托气氛、加强集合效果的作用，主要由主席台和观众席两部分组成，主席台是植物装饰的重点区域，一般是对称性布置，选用比例恰当、体型、大小、尺度合适的常绿树为主，点缀少量色泽鲜艳的盆花，主席台背景常用大型盆栽，讲台、主席台桌上可放置低矮插花或盆花，前面可排列两排盆花加强装饰，两侧加强装饰分量，常用高大、叶色深的植物。

中小型会议室的植物装饰，以室内中央的会议桌为重点，注意使用品种不要太多。

2. 步骤与方法

（1）组织学生到礼堂会场、会议室现场观察，了解室内环境基本概况。

（2）绘制现场平面示意图。

（3）学生分组讨论。

（4）对于礼堂会场的装饰布置，选出一套优化方案，准备材料，现场布置；中小型会议室，若条件允许，可按小组分别实施。

（5）通过各小组互评的方式，对学生装饰成果进行评分。

3. 示意图

（1）礼堂会场的植物装饰示意图

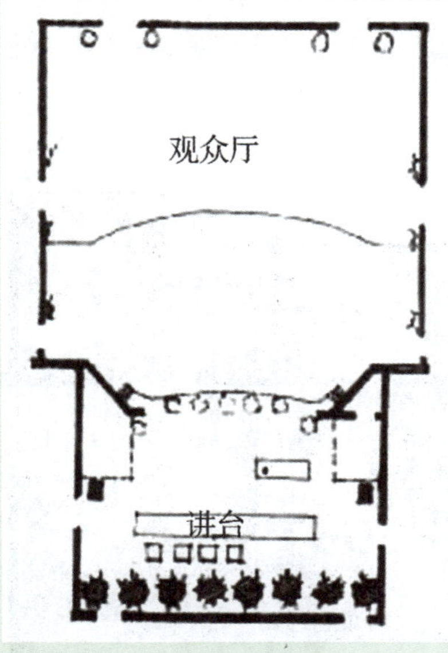

（2）中小型会议室植物装饰示意图

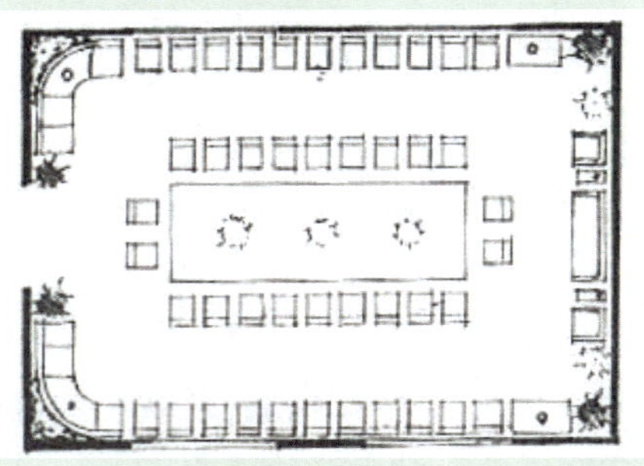

## 实训六　家居的花卉装饰

### 一、实训目的

掌握家居花卉装饰的基本方法，进而能对不同户型、不同装饰风格的各个房间进行花卉装饰。

### 二、实训材料

散尾葵、龙血树、发财树、文竹、银边吊兰、富贵竹、常春藤、鸭跖草、天竺葵、蕨类植物、四季海棠等。

### 三、实训方法与步骤

家居的花卉装饰要合理利用空间，可根据客厅、卧室、餐厅等地方的装修风格、色彩有序进行，风格以简洁明快、便于管理为宜。下面以一套三房两厅双卫户型为例，如下图所示。

客厅的装饰，绿色植物按对角线呈“三点一线”模式摆放，使空间更充盈，角落里的高大观叶盆栽1.2～1.5米的散尾葵和电视机旁中型0.5～0.6米的花叶万年青或春羽遥相呼应，而茶几上以平卧式插花小品进行色彩点缀，增添生机。朝南阳台可放置五针松盆景，在阳台外侧可安装条形花槽，摆放色彩明快的天竺葵、太阳花、观叶海棠等。

餐厅作为共享空间的一部分，只作简单装饰，玄关花架上可摆放悬垂植物常春藤、银边吊兰，餐桌上可点缀较随意的插花或小型盆栽，因空间较大，可于角落放置春羽一盆，与客厅装饰相呼应。

主卧室空间稍大，沿窗靠沙发的地方适当摆放中型观叶植物，如龟背竹、一叶兰、朱蕉等，为取得平衡，可在床头一侧点缀简洁的插花小品。次卧室因面积较小，不宜设置较大绿饰，可于电视柜一角放置小型盆栽吊兰、文竹等。儿童房朝北，可于书架顶上摆放常春藤等悬垂植物，再于书桌旁摆放一盆耐阴湿的蕨类植物，显得悠闲雅致。

卫生间的装饰受到条件的限制，主卫因无窗，光线、通风较差，只能点缀瓶花几枝或摆上一盆蕨类小盆栽，次卫在邻窗处可摆上一盆生命力强的肾蕨或吊兰，使沉闷的空间生动起来。

## 思考与练习

1. 简述插花花材的定义和常见分类形式。
2. 简述插花的比例是如何界定的。
3. 简述插花色彩的设计。
4. 简述切花保鲜的原理。
5. 试比较传统东西方插花艺术的特点。
6. 礼仪插花有哪些形式?
7. 试述室内环境的特点。
8. 试述花卉装饰的作用及布置原则。
9. 试述宾馆饭店花卉装饰设计的特点。
10. 试述家居花卉装饰的基本方法。

# 第三章　室外环境花卉设计与应用

### 学习目标

- ◆了解室外环境花卉设计与应用的基本原理和方法
- ◆正确掌握花坛、花境、花钵的设计和制作
- ◆能对花坛、花境、花钵植物进行常规养护管理

## 第一节　花坛设计与应用

花坛是在一定范围的畦地上按照整形式或半整形式的图案栽植观赏植物，以表现花卉群体美的园林设施。

### 一、花台、花池与花坛

花台是我国传统的花卉布置形式，常见于古典园林中，其特点是整个种植床高出地面很多，而且可以成层叠置，由于土高易崩，常以山石或砖作边缘维护，在自然式布置中多以自然山石作边缘维护。因花台距地面较高，排水条件好，又缩短了人的观赏视距，故常选用适于近距离观赏的、栽培上要求排水良好的种类，如芍药、牡丹等，也有配以山石、小水面和树木做成盆景形式的花台。

花池的整个种植床与地面高程相差不多，边缘也用砖石维护，池中常灵活地种植花木或配置山石，也是中国式庭院的一种传统花卉种植形式。

花坛是一种古老而广泛的花卉应用形式，源于古罗马时代的文人园林，16世纪在意大利园林中广泛应用，17世纪在法国凡尔赛宫中达到了高潮，那时大量使用的是彩结式模纹花坛群。传统的花坛形式是专用于种植的，装饰街道、广场、住宅建筑周边环境等城市空间的土台子。早期的花坛具有固定地点，几何形植床边缘用砖或石块镶嵌，形成花坛的周界。随着时代的变迁和文化交流，花坛形式也在变化中拓宽，由最初的平面地床或沉床（花坛植床边稍低于地面）花坛发展出斜面、立面及活动式等多种类型。

现代工业的发展，为花坛技术的提高、盆钵育苗方法的改进提供了可能性，使得许多花卉应用新设想得以实现，为这一古老的花卉应用形式带来了新的生机。在现代城市环境中，人们的社会活动不断增加，地区间、政府间的礼仪活动频繁，传统定位式的花坛已经不能满足社会活动的需要，于是又发展了可移动变位、灵活多变的组合式活动花坛。其

可根据活动需求随时组合花坛，更好地起到装扮和美化环境，营造城市喜悦氛围的作用。

## 二、花坛的特征、分类及作用

### 1. 花坛的特征

（1）一般来说，花坛是在具有一定几何形轮廓的种植床内。

（2）高出地面的植床边。

（3）不同色彩的多种植物。花坛内一般由不同色彩的多种低矮植物构成图案美。种植各种不同色彩的观赏植物而构成一幅具有华丽纹样或鲜艳色彩的图案。可以说，花坛是用活的植物构成的装饰图案。

（4）花坛内主要展示植物群体美，强调构图的色块效果。花坛的装饰性，是以其平面的图案纹样或花卉开花时华丽的色彩构图为主题的，个体植物的线条美、花和叶的形态美、个体植物的体形美，都不是花坛所要表现的主题。

（5）花坛内栽植的观赏植物，要求有规则的形体。经过整形的常绿小乔木，可以在花坛内栽植，但是自然形的乔木不能在花坛内栽植。

### 2. 花坛的主要类型

（1）按表现主题分类

1）花丛式花坛。也可称为“盛花花坛”。花丛式花坛是以观花草本植物组成，表现盛花时群体的色彩美或绚丽的景观，可由一种花卉的群体组成，也可由多种花卉的群体组成。各种花卉组成的图案纹样，不是花丛式花坛所表现的主题，图案纹样属于从属地位，又可以分为花丛花坛、带状花丛花坛和花缘。

①花丛花坛。个体花丛花坛，不论其植床的轮廓为何种几何形体，只要其纵横轴长度之比在1:1～1:3之间时，可称为花丛花坛。

②带状花丛花坛。花丛式花坛的短轴为“1”，而长轴的长度超过短轴的3～4倍以上时，就称为带状花丛花坛。带状花丛花坛有时作为配景，有时作为连续风景中的独立构图，其宽度一般在1米以上。与花丛花坛一样有一定的高出地面的植床，植床的周边有边缘石装饰。

③花缘。花缘的宽度，通常不超过1米，长轴的长度比短轴的长度要大得多，至少在4倍以上。花缘由单独一种花卉做成，通常不作为主景处理，仅作为花坛、带状花坛、草坪花坛、草地、花境、道路、广场、基础栽植等镶边之用。花缘没有独立的高出地面并用边缘石装饰起来的植床。

2）模纹式花坛。也可称为“镶嵌花坛”。模纹式花坛所表现的主题与花丛式花坛不同，植物个体美或群体美属于次要地位。应用各种不同色彩的观叶植物或花叶兼美的植物所组成的华丽复杂的图案纹样才是其所要表现的主题，由植物所组成的装饰纹样构成的图案美，居于主要地位。模纹式花坛因为内部纹样繁复华丽，根据纹样的特征不同可分为带状横纹花坛、毛毡花坛、彩结花坛和浮雕花坛。

①带状横纹花坛。带状横纹花坛的长轴比短轴长，超过其3倍以上。

②毛毡花坛。应用各种观叶植物组成精美复杂的装饰图案，花坛的表面常修剪得十分平整，使之成为一个细致的平面或缓和的曲面，整个花坛好像是一块华丽的地毯，所以称为毛毡花坛。

各种不同色彩的红绿苋是组成毛毡花坛最理想的植物材料，红绿苋可以组成最细致精美的装饰纹样，可以做出2～3厘米的线条来，而且色彩上又有鲜红色、金黄色、紫红色、绿色、古铜色等，叶子又很细密，品种不同，叶子也有大小的不同，这对于图案组合很有利。当然，毛毡花坛也可应用其他低矮的观叶植物或花期较长花朵较小又密的低矮观花植物来组成，但选用的植物必须高矮一致、花期一致，而且观赏期要长。由于毛毡花坛的设计和施工费时、费工、费用也高，所以如果花期很短就不经济了。

③彩结花坛。主要应用锦熟黄杨以及其他多年生花卉，如紫罗兰、百里香、薰衣草等，按照一定的图案纹样种植起来，这种纹样主要是模拟由绸带编成的绳结式样而来的，所以图案的线条粗细都是相等的。结子的纹样，都是由上述植物组成，条纹与条纹之间，有时用草坪为底色，有时用各种色彩的沙铺填，使用图案格外分明，后来图案的纹样也有了各种变化。

④浮雕花坛。毛毡花坛的表面是平整的，浮雕花坛的装饰纹样一部分凸出于表面，另一部分凹隐，好像木刻和大理石的浮雕一般，通常凸出的纹样由常绿的小灌木组成，凹陷的平面栽植低矮的草本植物。

3）标题式花坛。标题式花坛在形式上和模纹式花坛是没有区别的，但其表现的主题不同。模纹花坛的图案完全是装饰性的，没有明确的主题思想，而标题式花坛有时是由文字组成的，有时是肖像，是通过一定的艺术形象来表达一定的思想主题。标题式花坛最好设置在坡地的斜面，并用木框固定，以便游人看得格外清楚（这样就会特别醒目）。根据表现内容的不同，又可分为文字花坛、肖像花坛、图徽花坛和象征图案花坛。

①文字花坛。各种政治性的标语、口号等均可作为文字花坛的题材，也可用于庆祝节日，标示大规模展览会的名称、公园或风景区的命名等。有时文字标题可以与绘画相结合，好像招贴画一样，例如象征“世界和平”的花坛，除了文字之外，还可以在文字的周围做出飞翔的和平鸽图案来装饰。

②肖像花坛。革命导师、人民领袖以及科学和文化领域的伟人肖像，也可以作为花坛的题材，即肖像花坛。这种花坛的设计和施工都比较复杂，是花坛中技术性要求最高的一种。一般只用红绿苋来组合最好，用其他植物栽植都有一定的困难。例如上海鲁迅公园做过鲁迅的肖像花坛。

③图徽花坛。国徽、纪念章、各种团体的徽号，都可作为花坛的题材，例如国旗、红星、象征工农联盟的镰刀和铁锤，都是花坛的题材。医院可用红十字图案，铁路可用车头和铁轨

的徽号。图徽是庄严的，设计时必须严格符合比例尺寸，不能任意改动。

④象征图案花坛。该花坛也有一定的象征意义，但并不像徽章那样具有庄严及固定不变的意义，图案的设计随意性较大。例如在歌舞剧院的广场上可以用竖琴来作花坛的图案，农业展览会上可用麦穗的图案，运动场可用掷铁饼者的形象，儿童公园可用童话故事，等等。

4）装饰花坛。装饰花坛也是模纹花坛的一种类型，但这些花坛具有一定的实用目的。根据不同的用途可分为日晷花坛、时钟花坛、日历花坛和毛毡饰瓶。

①日晷花坛。在公园的空旷草地或广场上用毛毡花坛植物组成12小时图案作底盘，然后在底盘南方竖立一支倾斜的指针。这样，在晴朗的日子，指针的投影就可以从上午7时到下午5时为人们指出正确的时间来。日晷花坛不能设立在斜坡上，应该设立在平地上。

②时钟花坛。用毛毡花坛植物种植出12小时图案的底盘，花坛本身应该用木框加围，花坛中央下方安置一个电动的时钟，指针露在花坛的外边。时钟花坛最好设置在斜坡上（图3—1）。

③日历花坛。在毛毡花坛上用文字做出年、月、日，整个花坛最好用木框围起来，其中年、月、日的文字，再用小木框种植，底盘留出空位，以便于更换。日历花坛最好安置在斜坡上。

④毛毡饰瓶。在西方园林中，常用大理石或花岗石雕成的饰瓶作为园林的装饰物，这样饰瓶可以安置在花坛中央、进口两旁、石阶两旁栏杆的起点和终点等地方。毛毡饰瓶是用铁骨架扎成饰瓶的轮廓，中央用苔藓填实，并安入通气管和浇水管，外面用黏湿的土壤塑成一个饰瓶的纹样，就像景泰蓝花瓶一样。这种毛毡饰瓶，通常设置在独立花坛的中央，以供观赏。栽植植物的土壤应经常保持适度湿润，若太干了，饰瓶要开裂而破坏，若太湿了，植物的根系会发霉、腐烂。

5）草坪花坛。草坪花坛布置在铺装的道路和广场中间，植床有一定的外形轮廓，植床高出地面，并且有边缘石装饰，其床内铺有草坪，该草坪是观赏用的，游人不许入内。

草坪花坛的表面要求修剪得平整。为了求得较华丽的效果，可以用花叶兼美的多年生花卉的花缘来镶边，有时用常绿的木本矮篱来镶边。草坪花坛草种的选择，最好是观赏价值很高的禾本科及莎草科，而且适应性要较强，可以不耐践踏，但返青要早，秋天枯黄期要晚。除观赏草种外，一般的草坪草种也可以作为草坪花坛草来栽培。

（2）按空间位置分类

1）平面花坛。花坛表面与地面平行，主要观赏花坛的平面效果，包括沉床花坛或稍高出地面的花坛。

2）斜面花坛。该花坛设置在斜坡或阶地上，也可以布置在建筑的台阶两旁或台阶上。花坛表面为斜面，是主要观赏面。

3）立体花坛。花坛向空间伸展，具有竖向景观，是一种超出花坛原有意义的布置形式，以四面观为多。常包括造型花坛（图3—2）、标牌花坛等形式。

图3—1　时钟花坛

图3—2　象的造型

（3）按花坛组合分类

1）独立花坛。即单体花坛，常设在广场、公园入口等较小环境中。

2）花坛群。由相同或不同形式的数个单体花坛组成，但在构图及景观上具有统一性。多设置在面积较大的广场、草坪或大型的交通环岛上。花坛群应具有统一的底色，以突出其整体感。花坛群中的单个花坛在设计构图中是整体的一部分，格调应一致，但可有主次之分。花坛群还可以结合喷泉和雕塑布置，后者可作为花坛群的构图中心，也可作为装饰。

3）花坛组。它是常见的另一种单体花坛的组合形式，是同一个环境中设置的多个花坛。它不同于花坛群，各个单独花坛之间的联系不是非常紧密，只是在某一局部环境总体布置中它们是多个相同的因子。如沿路布置的多个带状花坛，建筑物前作基础装饰的数个小花坛等（图3—3）。

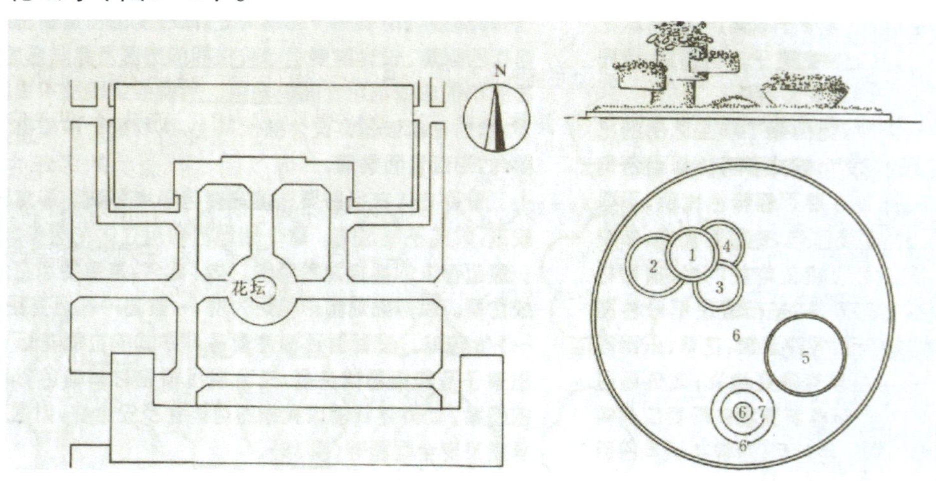


图3—3　花坛组合

### 3. 花坛的作用

花坛是现代城市建筑不可缺少的重要组成部分，发挥着特有的作用。下面主要阐述其3个方面的作用。

（1）美化环境。有生命力的花卉组成的花坛，有较高的装饰性，是美化环境的一种较好方式。如在住宅小区、写字楼等高密度建筑楼群间，设置色彩鲜艳的花坛，可以打破建筑物造成的沉闷感，增加色彩，令人赏心悦目；在剧场、站前广场及商业大厦等公共建筑楼前设置花坛，可以很好地装饰环境；在公园、风景名胜区及游览地布置花坛，不仅可以美化环境，还可构成新的景点；城市立交桥、高速公路边不宜种植高大乔木，若布置花坛，则可丰富城市道路景观，使城市具有现代风貌。在上述这些场合，若设计成有主题思想的花坛，还能起宣传作用。

（2）渲染气氛。盛花花坛五彩缤纷，其体量、形状及样式多种多样，节日期间布置于各种场所，给城市披上盛装，可增添热烈和欢快气氛；立体及模纹花坛以醒目的纹样和宣传的主题呈现在人们眼前，又可起到渲染气氛和良好的宣传作用。

（3）基础性装饰（弥补、点缀不雅之处）。花坛可设置在建筑墙基及喷泉、水池边缘或四周，以及雕塑、孤赏山石、广告牌等基座周围，使主题建筑醒目突出，富有生气；同时对于建筑死角等不美观之处，还可以通过花坛植物的点缀使其变得美观。

## 三、花坛设计的原则和要求

### 1. 花坛及花坛群的平面布置

花坛在整个规则式的园林构图中，不外乎两种作用：一是作为主景来处理，二是作为配景来处理。不管花坛作为主景也好，配景也好，花坛与周围的环境及花坛与构图的其他因素之间的关系有两个方面：一是对比，二是调和。

（1）对比

1）构图上的对比。花坛的装饰性是水平方向的平面装饰，规则式广场周围的建筑物、乔木和大灌木等的装饰性是立面的和立体的装饰，这是空间构图上的主要对比。

2）色彩上的对比。在园林规则式草坪上，草坪和周围的树木是单色的，主要是绿色，花坛则是彩色的，色相较丰实，这是色彩上的对比。

3）质地上的对比。在建筑装饰广场上，一方面在素材的质地上，建筑材料和植物材料的对比是突出的；另一方面，花坛与周围的建筑物及铺装广场的色相是不饱和的，花坛的色相比较饱和、丰实。

4）装饰上的对比。广场的铺装平面和草地，一般都是没有装饰纹样的，而花坛的装饰纹样在简洁的场地上的对比是比较突出的。

（2）调和与统一

1）对称一致性。作为主景来处理的花坛和花坛群，其外形必然是对称的，可以是单轴对称，也可以是多轴对称，其本身的轴线应该与构图整体的轴线相一致。花坛的纵轴和横轴应该与建筑物或广场的纵轴和横轴相重合。在道路交叉的广场上，尤其是车行道交叉广场花坛的布置，首先应该不妨碍交通。为了交通的畅通，有时花坛只能与构图的主要轴线相重合，次要轴线就不一定重合。

2）平面外形一致。花坛或花坛群的平面轮廓，应该与广场的平面相一致，例如广场是圆形的，花坛或花坛群也应该是圆形的，广场是矩形的，其花坛或花坛群也一般设置成矩形，广场是长方形的，花坛或花坛群不仅在外形轮廓上应该是长方形的，而且花坛的长轴应该与广场的长轴相一致，短轴与广场的短轴相一致，如果反向布置，只有在为了交通和人流的疏散等特殊情况时采用。

3）花坛的风格和装饰纹样应该与周围的环境相统一。例如北京颐和园扇面殿前面，布置西方图案纹样的圆形毛毡花坛，是与古典的自然假山园林不相调和的。上海的鲁迅纪念馆，建筑是民族形式的，在进口处配置了一个自然式花台，就很调和。布置在交通量很大的街道广场上的花坛，装饰纹样不能十分华丽。游人集散量较大的群众性广场、车站广场，也不宜设置过分华丽的花坛。装饰性的园林游憩广场，展览馆、纪念馆、剧院、文化宫、休（疗）养院、舞厅等公共场所建筑前，可以设置华丽、复杂的花坛。花坛内部色彩也应调和统一。

（3）主从关系

花坛或花坛群有时作为主景，有时作为配景，要根据其主从关系来安排和设计花坛。

作为主景欣赏的花坛，可以是华丽的模纹花坛或花丛花坛。

当花坛为雕像群、喷泉、水池、建筑物、纪念性雕像的基座等作配景时，花坛应该处于从属的地位，一般用图案简单的花丛花坛作为配景，在色彩上可以鲜艳，因为雕像群、喷泉、水池、建筑物等表现的主题不在于色彩，故而不会喧宾夺主，但是纹样过分富丽复杂的模纹花坛就不宜作为配景，否则容易扰乱主题。作为基座等的装饰，也可以运用图案简单的木本常绿小灌木或草花布置的草坪花坛。

构图中心为装饰性喷泉和装饰性雕像群的花坛群，其外形的个体花坛可以很华丽，纹模可以丰富，但是中央为纪念性雕像的花坛群，四周的个体花坛的装饰性应该恰如其分，不能采用纹样过分复杂的模纹花坛，以免喧宾夺主，宜采用纹样简单的花丛式花坛或草坪为主的模纹花坛。

（4）比例、尺度合理

花坛的长、宽、高的比例、尺度要适宜，与周围环境的比例要合理。花坛或花坛群的面积与广场面积的比例宜小于1/15，在这个范围内，花坛群应该把内部的面积除去。一般华丽的花坛，面积比例小些，简洁的花坛面积比例要大些。

（5）对称、均衡

1）主景花坛。只有作为主景的花坛才可布置在主轴上，配景花坛只能布置在轴线的两侧。而作为配景花坛的个体花坛，其外形和外部纹样不能采用多轴对称的形式，最多只能应用单轴对称的图案和外形，其对称轴不能与主景平行，分布要固定，以免土壤崩落。许多标题式的模纹花坛，尤其是肖像花坛，设置在60°的斜坡上比较容易成功。

作为配景处理的花坛，常以花坛群的形式出现，最常用的配景花坛群是配置在主景主轴的两侧，至少是一对花坛构成的花坛群。如果主景是有轴线的，那么配景也可以是分布在主轴左右的一对连续花坛群。如果主景是多轴对称的，则配景花坛数量也就增加了。

2）配景花坛。在花坛群的构图中，中央的构图中心是多轴对称的，但是外围的次要花坛，每个个体花坛，在外形和内部纹样上最好采取不对称的形式，成为单面对称的形式，但是整个群体则应该是对称的，这样就会产生整个构图的均衡感。

当花坛设置在60°的斜坡上，人的立点离开花坛基部0.97米，视线俯角为30°时，则垂直视场60°范围内，高度为1.94米的花坛，其图案和纹样不致变形，这已经是最大的限度。

理想的视场应该是30°，那么花坛的高度就只能是0.88米了。所以肖像花坛如果高度是1.94米，斜坡为60°，那么看起来肖像才像，太远太近看起来都不像。例如，1950年夏，苏联莫斯科红普列司文化休息公园中的斯大林肖像花坛，为11米×12米，在60°的斜坡上，如果游人的视点离开花坛底边的高度只有一人高（1.65米），那就不行了，因此这个斜坡应该在低处，而游人应该站在高的台地上去看。人的视点与花坛底边的垂直距离最少应为10.4米，水平距离为6米，这样花坛在60°视场以内，俯视角为30°。人的高度不可能有10米多，所以要在高地上去看。如果把肖像放在理想的30°视角内，而俯角为30°，斜坡为30°，则肖像高度为12米时，视点离开花坛底边的垂直距离应该为16.4米，水平距离也为16.4米，所以游人必须在高坡上俯视。

游人的立点高度与花坛底边的垂直距离：16.4米－1.65米=14.75米

当观赏者视点和立足地的关系如上所述时，肖像花坛的肖像才能酷肖，否则就会变形。在主景主轴两侧的花坛，其个体本身最好不对称，但与主景主轴另一侧的个体花坛必须取得对称，这是群体的对称，不是个体本身的对称，这样主轴可以被强调起来，构图的不可分割的联系也加强了。

另外，主景花坛的布置在体量、色彩图案以及位置上应该与周围的环境取得均衡的关系，而花坛、花坛群无论作为主景还是配景都要考虑个体的布置与群体的布置要均衡，整个群体应与主景花坛周围环境取得均衡。

### 2. 视觉与花坛布置的关系

无论是独立花坛，还是花坛群里的任何一个个体花坛，当其面积过大的时候，视觉的效果就不好。在平地上，人的眼睛高度是一定的，通常视点高度不超过1.65米。由于视线离开地面不高，视线与地平面所成角度很小，所以花坛平面图案在视网膜上的映像，只有近距离时比较清楚，远距离的图案就密集在一起，因而鉴别不清。

（1）视距分析

1）通常一个人立在花坛边缘，视点高度为1.65米，从脚跟起的0.97米距离以内，也就是从视点与地面的垂线开始的30°视角以内的图案，当人眼向前平视的时候，是不受注意的。通常人眼的最大垂直视场为130°，平视的时候，与水平线垂直的就是中视线，视场范围从中视线以下，只能看到60°，所以脚跟30°以内的图案是在平视视场以外的。

2）观赏花坛的人也可以俯视。当俯视角为30°，垂直视角为60°的时候，以离开游人立点0.97米以外大概2米距离之内的纹样最清楚。

3）在离开立点2.93米以外的1.72米的花坛，在映像上所占的面积，实际上与在30°以外的100°视角内的0.46米花坛面积的映像大小是同样的，映像缩小了4倍左右。

（2）花坛布置

1）平地上的模纹花坛，图案纹样必然是要变形的，面积越大，变形越厉害。所以，一般平地上的独立模纹花坛，面积不宜太大，其短轴的长度最好在8～10米以内，这样从两面来观赏，都可以把纹样看清楚。

2）图案十分粗放简单的独立花坛或图案简单的独立花丛式花坛，面积可以放大，通常直径可以为15～20米；草坪花坛面积可以更大；长方形或圆形的大型独立花坛，中央图案可以简单，边缘4米以内的图案可以丰实些。

3）补救模纹式花坛图案变形，有许多方法，通常可将独立的模纹花坛中央隆起，使其成为向四周倾斜的球面或锥状体，则纹样变形可以减轻，同时，模纹花坛的直径也可以增大。

4）最好的办法是把模纹式花坛设立在斜面上，斜面与地面的成角越大，图案变形越小。最大的成角为90°，即与地面完全垂直，这样图案就可以不变形。但是这对于土壤崩落和植物栽植是很难的，为了土壤不致崩落、植物易栽植，一般最大的倾斜角为60°，花坛外围还要用木框。

一般的模纹花坛，可以布置在倾斜度小于30°的斜坡上，这样土坡的固定比较容易。花坛大小与视点关系不够严格时，为了尽量减少图案的变形，花坛远处的图案，其横向花纹与纵向花纹之间的纵向距离应该放大，这样可以使图案清楚。

5）由于视觉的原因，花纹精致的模纹花坛及标题式花坛最好设置在斜坡上，逐级下降的阶地平面和斜坡是设置模纹花坛最好的地方。在阶地的上级俯视下级阶地的平面模纹花坛，由于视点位置提高，所以格外清楚。法国勒纳特设计的福苑中的一对主要的华丽模纹花坛和凡尔赛的许多花坛群，都可以从高一级的阶地上去俯视。

### 3. 色彩设计中需要注意的问题

（1）一个花坛配色不宜太多。一般花坛2～3种颜色，大型花坛4～5种颜色就可以了，配色太多而复杂难以表现群体的花色效果，显得杂乱。

（2）在花坛色彩的搭配中注意颜色对人的视觉及心理的影响。如暖色调给人以面积上的扩张感，而冷色调则有收缩效果，因此，设计各色彩的花纹，宽窄、面积大小要有所考虑。例如，为了达到视觉上的大小相等，冷色调的比例要相对大些，才能达到设计意图。

（3）花坛的色彩要与其作用相结合。装饰性花坛、节日花坛要与环境相区别。组织交通用的花坛要醒目，而基础花坛应与主体相配合，起到烘托主体的作用，不可过分艳丽，以免喧宾夺主。

（4）花卉色彩不同于调色板上的色彩，需要在实践中对花卉的色彩仔细观察，才能正确应用。同为红色的花卉，如天竺葵、一串红、一品红等，在明度上有差别，分别与黄早菊配用，效果不同。一品红红色较稳重，一串红较鲜明，而天竺葵较艳丽，后两种花卉直接与黄菊配合，也有明快的效果，而一品红与黄菊中加入白色的花卉才会有较好的效果。同样，黄、紫、粉等各色花在不同花卉中明度、饱和度都不相同，仅据书中文字描述的花色是不够的。也可用盛花花坛形式组成文字图案，这种情况下用浅色（如黄、白）作底色，用深色（如红、粉）作文字，效果较好。

### 4. 植物选择

（1）设计时选择适宜的立地条件、满足植物生长的生态条件，如气候、干湿度、土壤的酸碱性等。

（2）所选植物的种类、规格、花色等要符合设计的要求。

（3）花灌木的开花期限、草坪的绿色期、常绿花灌木的开花年限等要符合设计的要求。

（4）考虑花坛内植物景观的季相变化、色彩搭配。

## 四、常见花坛的设计

### 1. 花丛式（盛花）花坛设计

（1）图案设计。

1）外部轮廓主要是几何图形或几何图形的组合。花坛的大小一般观赏轴线以8～10米为佳。现代建筑的外形趋于多样化、曲线化，在外形多变的建筑物前设置花坛，可用流线或折线构成外轮廓，对称、拟对称或自然式的均可，以求得与环境协调。

2）内部图案要简洁，轮廓明显。忌在有限的面积上设计烦琐的图案，要求有大色块的效果。一个花坛即使用色很少，但图案复杂则花色分散，也不易体现整体色块效果。

3）盛花花坛可以是某一季节观赏的花坛，如春季花坛、夏季花坛等，至少保持一个季节内有较好的观赏效果。但设计时可以同时提出多季观赏的实施方案，可用同一图案更换花材，也可另行设计方案。一个季节花坛景观结束后立即更换下季材料，完成花坛季相交替。

（2）色彩设计。盛花花坛表现的主题是花卉群体的色彩美，在色彩的设计上要精心选择不同花色的花卉巧妙地搭配。一般要求鲜明、艳丽。如果有台座，花坛色彩还要与台座的颜色相协调。盛花花坛常用的配色方法有：

1）对比色应用。这种配色较活泼而明快。深色调的对比较强烈，给人兴奋感，浅色调的对比配合效果较理想，对比不那么强烈，柔和而鲜明。如堇紫色+浅黄色（堇紫色三色堇+黄色三色堇、藿香蓟+黄早菊、荷兰菊+黄早菊、紫鸡冠+黄早菊），橙色+蓝紫色（金盏菊+雏菊、金盏菊+三色堇），绿色+红色（扫帚草+星红鸡冠）等。

2）暖色调应用。类似色或暖色调花卉搭配，色彩不鲜明时可加白色以调剂，并提高花坛亮度。这种配色鲜艳、热烈而庄重，在大型花坛中常用。如红+黄或红+白+黄（黄早菊+白早菊+一串红或一品红、金盏菊或黄色三色堇+白雏菊或白色三色堇+红色美女樱）。

3）同色调应用。这种配色不常用，适用于小面积花坛及花坛组，起装饰作用，不作主景。如白色建筑前用纯红色的花，或由单纯红色、黄色或紫红色的单色花组成的花坛组。

（3）植物选择。以观花草本为主体，可以用多年生球根或宿根花卉。可适当选用少量常绿及观花小灌木作辅助材料。一二年生花卉为花坛的主要材料，其种类繁多，色彩丰富，成本较低。球根花卉也是盛花花坛的优良材料，其色彩艳丽，开花整齐，但成本较高。

1）植株。适合作花坛的花卉应株丛紧密、着花繁茂，理想的植物材料在盛花时应完全覆盖枝叶。植株高度依种类不同而异，但不宜选用10～40厘米的矮性品种。此外，要移植容易，缓苗较快。

2）花。要求花期较长，开放一致，至少保持一个季节的观赏期，如为球根花卉，要求栽植后开花期一致。花色明亮鲜艳，有丰富的色彩幅度变化，纯色搭配及组合较复色混栽更为理想，更能体现色彩美。

3）质感。不同花卉群体配合时，除考虑花色外，也要考虑花的质感相协调才能获得较好的效果。

### 2. 模纹花坛的设计

模纹花坛主要表现植物群体形成的华丽纹样，要求图案纹样精美细致，有长期的稳定性，可供较长时间的观赏。

（1）图案设计。

1）模纹花坛以突出内部纹样精美华丽为主，因而植床的外轮廓以线条简洁为宜，可参考盛花花坛中较简单的外形图案。

2）面积不宜过大，尤其是平面花坛，面积过大在视觉上易造成图案变形。

3）内部纹样可较盛花花坛精细复杂些，但点缀及纹样不可过于窄细。以红绿草类为

例，不可窄于5厘米，一般草本花卉以栽植2株为限。设计条纹过窄则难以表现图案，纹样粗宽色彩才会鲜明，使图案清晰。

（2）色彩设计。模纹花坛的色彩设计应以图案纹样为依据，用植物的色彩突出纹样，使之清晰而精美。如选用五色草中红色的小叶红或紫褐色的小叶黑与绿色的小叶绿描出各种花纹。为使之更清晰，还可以用白绿色的草种在两种不同色草的界限上，以突出纹样的轮廓。

（3）植物选择。植物的高度和形状与模纹花坛纹样的表现有密切关系，是选择材料的重要依据。只有低矮、细密的植物才能形成精美细致的华丽图案。典型的模纹花坛材料，如五色草类及矮黄杨，都应符合下述要求。

1）以生长缓慢的多年生植物为主，如红绿草、白草、尖叶红叶苋等。一二年生草花生长速度不同，图案不易稳定，可选用草花的扦插、播种苗及植株低矮的花卉作图案的点缀。前者如紫宛类、孔雀草、矮串红、四季秋海棠等，后者有香雪球、雏菊、半枝莲、三色堇等，但其观赏期相对较短，一般不把它们布置成图案主体。

2）以枝叶细小、株丛紧密、萌蘖性强、耐修剪的观叶植物为主。通过修剪可使图案纹样清晰，并维持较长的观赏期。枝叶粗大的材料不易形成精美的纹样，在小面积花坛上尤不适用。观花植物花期短，不耐修剪，若用少量作点缀，也以植株低矮、花小而密者效果为佳。植株矮小或通过修剪可控制在5～10厘米高，以耐移植、易栽培、繁苗快的材料为佳。

### 3. 立体花坛的设计

（1）标牌花坛。

1）花坛以东、西两向观赏效果好，南向光照过强，影响视觉，北向逆光，纹样暗淡，装饰效果差。也可设在道路转角处，以观赏角度适宜为佳。

2）有两种方法：一是用五色苋等观叶植物作为表现字体及纹样的材料，栽种在（15厘米×40厘米×70厘米）扁平的标准塑料箱内。完成整体图样的设计后，每箱依照设计图案中所涉及的部分扦插植物材料，各箱拼组在一起则构成总体图样。然后，把塑料箱依图案固定在竖起（可垂直，也可斜面）的钢、木架上，形成立面景观。二是盛花花坛的材料为主，表现字体或色彩，多为盆栽或直接种在架子内。架子为阶式，则一面观为主，架子呈圆台或棱台样阶式可作四面观。设计时要考虑阶梯间的宽度及梯间高差，阶梯高差小，形成的花坛表面较细密。用钢架或砖及木板制成架子，然后花盆依图案设计摆放其上，或栽植于种植槽或阶梯架内，形成立面景观。

3）设计立体花坛时要注意高度与环境协调。种植箱式可较高，阶式不宜过高。除个别场合利用立体花坛作屏障外，一般应在人的视觉观赏范围之内。此外，高度要与花坛面积成比例。以四面观圆形花坛为例，一般高为花坛直径的1/4～1/6较好。

4）设计时还应注意各种形式的立面花坛不应露出架子及种植箱或花盆，充分展示植物材料的色彩或组成的图案。

5）此外，还要考虑实施的可能性及安全性，如钢、木架的承重及安全问题等。

（2）造型花坛。造型物的形象依环境及花坛主题来设计，可为花篮、花瓶、动物、图徽及建筑小品等，色彩应与环境的格调、气氛相吻合，比例也要与环境协调。运用毛毡花坛的手法完成造型物，常用的植物材料有五色草类及小菊花。为施工布置方便，可在造型物下面安装有轮子的可移动基座。

## 五、花坛设计图的绘制

花坛设计图采用小钢笔墨线、水粉、水彩、彩笔绘制均可。

### 1. 环境总平面

标注出花坛所在环境的道路、建筑边界线、广场及绿地等，并绘出花坛平面轮廓。依面积大小，可选用1:1 000，1:500，1:100的比例。

### 2. 花坛平面图

应标明花坛的图案纹样及所用植物材料。如果用水彩或水粉表现，则按设计的花色上色，或用写意手法渲染。

（1）绘出花坛的图案后，用阿拉伯数字或符号在图上依纹样图案使用的花卉，从花坛内部向外依次编号，并与图旁的植物材料表相对应。

（2）植物名录表。表内项目包括花卉的中文名、拉丁学名、株高、花色、花期、用花量等，以便于阅图。

（3）若花坛用花随季节变化还需要轮换，也应在平面图及材料表中予以绘制或说明。

### 3. 立面图

立面图用来展示高度上的变化。花坛中某些局部，如造型物的细部必要时需绘制出立面放大图，其比例尺寸应准确，为制作及施工提供可靠数据。立体阶式花坛还可绘出阶梯架的侧剖面图。

### 4. 效果图

按照一定的角度所绘的花坛及周围环境的透视图（鸟瞰图），用来展示花坛的整体景观效果及其与环境的相互关系，给人以具体、清晰的感观。

### 5. 设计说明书

（1）简述花坛的主题、构思，并说明设计图中难以表现的内容，文字宜简明，也可附在花坛设计图纸内。

（2）对植物材料的要求，包括育苗计划，用苗量的计算，育苗方法，起苗、运苗及定植要求，以及花坛建立后的一些养护管理要求。

上述各图可布置在同一图纸上，注意图纸布置的整体效果，也可把设计说明书另列

出来。花坛用苗量计算：

某种花卉用株数=栽植面积/（株距×行距）=1平方米/（株距×行距）×所占花坛面积=1平方米所栽株数×花坛中占地总面积

公式中株行距以冠幅大小为依据，以不露地面为准。

实际用苗量算出后，要根据花圃及施工的条件留出5%～15%的耗损量，花坛总用量的计算：

[A+A×（5%～15%）]+[B+B×（5%～15%）]+…=实际用苗量

下面列举一些植物材料用苗量的参考数据，见表3—1。

**表3—1　植物材料用苗量参照表**

| 花卉名称 | 拉丁学名 | 每平方株数 |
|---|---|---|
| 五色草 | *Alteronanther sp.* | 400～500 |
| 雏 菊 | *Bellis perennis* | 36 |
| 金盏菊 | *Calendula officinalis* | 36 |
| 鸡冠花 | *Celosis argentea* | 25 |
| 早 菊 | *Dendronthema x gradiflora* | 9 |
| 凤仙花 | *Impatiens barsamina* | 16 |
| 紫茉莉 | *Mirabilis jalapa* | 9 |
| 半枝莲 | *Portulaca grandoflora* | 36 |
| 一串红 | *Salria splendens* | 9 |
| 三色堇 | *Riolar ticolor* | 36 |

注：

①此表不包括耗损量。

②花卉因生长状态及育苗方法不同花苗质常有差别，应依具体情况做适当修正。

## 六、花坛施工及养护管理

### 1. 平面花坛的施工

（1）整理地床。首先翻耕整地，新床需要把床的土壤过筛，除去大的砖砾，加入腐熟的堆肥，使花坛植床成为花卉生长的良好场所。如果土质过差，则需要换土，或加入适量腐叶土、泥炭土改良土质。有条件最好进行土壤消毒，然后按设计要求整成平面或有一定坡度的曲面、斜面（坡度不宜过大）。

（2）放线。按设计图样及比例在植床上放大。画线工具可用绳子、木制直尺、皮尺、木桩及木圆规。拉线或画线后用干沙或白灰、木屑等做标志。花坛纹样复杂，直接在白报纸或纸板上放线，然后镂空一些花纹，盖在地上，镂空部分可洒白沙等标明，也可勾画出图案轮廓。

（3）栽苗。在阴天或傍晚进行较为理想。栽苗前，提前两天将花圃地浸湿，以便起苗时少伤根。一般要带小土团，然后装于周转箱或竹筐中，运往施工地点。依运输距离长短，采用不同的保护措施，如搭遮阴网以避开中午阳光照射等。盆栽育苗一般应提前浇水，运到现场后再扣出，按图案纹样，先里后外、先上后下栽种。栽苗中需选择植物，并不断调整，使植株间较密集。矮棵的浅栽，高棵的深栽，以准确表达图案纹样。模纹花坛，一般先种图案轮廓线，然后再栽内部材料。

（4）养护管理。栽完后浇透水，隔一天再浇一次，如此连浇3次水，以确保花苗成活。也有的地床花坛为求简便或新床来更换土壤，用花盆育苗，一般是先起出开过花的植株，整平这部分地床土壤，然后换新苗，若花坛花期较长，也可追液肥，以满足花卉生长开花的需要。

### 2. 立体花坛施工

（1）立体花坛施工准备。制作立体花坛需要做大量的前期准备工作，主要是图文资料和植物材料方面。

1）前期准备。主要是绘制图形，购置立体花坛的主要植物材料和辅助材料。所绘制的图形主要是布展效果图、平面图和骨架结构图。效果图是对设计方案最直观的表达方式，在方案确定上具有参考价值；而平面图主要反映了平面花卉图案的设计，从图中可计算出各类盆花用量，也是盆花摆放的主要依据；骨架结构图是制作立体花坛的造型依据，简单的造型，可用一幅三维空间的结构图来完成制作，而复杂的造型，则需要有多幅不同角度、位置的剖面图，有时也可以将整体分为若干部分，分别绘制结构。从结构图中可以分析承受力，选定各部分所用材料种类和材料型号，并依据图形计算用料量，放样下料。

2）施工程序。编排施工程序也是一个重要步骤，它可保证立体施工有条不紊地进行。依据施工中可能性和操作上的方便，编排先后施工顺序。其内容涉及骨架吊运、组装、外被上架、平面花卉的布置等环节，外形及结构比较复杂的造型，也可编制一个骨架制作程序，按程序放样、下料、焊接、绑扎，可避免失误，也可省去许多剖面图。

3）花坛简介。花坛简介是立体花坛不可缺少的文字说明，对观赏者了解立体花坛具有重要作用。其内容应当包括花坛名称、花坛主题、设计创意、造型及图案解释、盆花用量和布展缘由等。语言要简洁、准确、概括性强，最好在500字左右。

（2）立体花坛施工技术

1）骨架制作。骨架制作以骨架设计图为依据，骨架材料可用钢材、竹材、木材等，结构衔接固定有焊接、螺栓紧固、铁丝绑扎等方式。预制组装式骨架部分，要设有专门的吊环，且吊环应该能够隐藏在外被中，必要时还应制作专门的吊钩，吊钩的制作要考虑到方便装钩和卸钩。用带根坨植物材料的骨架，根坨架的层间距由选用植物材料的冠径及放置方式决定，以放置植物后不留间隙为基本原则，一般在15～30厘米之间。如在麻袋上扦插，应将麻袋缝制在骨架上，用蛭石等物填充在内部。多数骨架可以直接放置在地面较

平的展点，靠骨架支撑脚起稳固作用，必要时可在骨架基部填充土石等。当需要特别固定时，较厚水泥地面可用膨胀螺栓固定，裸土地面可将基部插入土中固定，也可预先埋入专设的基座，布展时把骨架固定在基座上。

2）外被制作。首先在麻袋上绘出图案线，标出各部分色彩，再根据需要修剪植物材料，修剪长度依实际需要而定，植物材料下端一般削成斜切口，以方便插入孔洞。插入植物材料时，其深度一般为植物材料长度的1/3～1/2，密度以不露麻袋布为准。在插栽过程中，可先插出图案轮廓线，然后再填满内部，使整个图案更加整齐、美观。

3）根坨上架。把盆栽植物去掉盆，根坨上沿抹圆滑，用麻袋布包紧根坨，同时，用细铁丝在根坨上沿内穿引麻袋布环绕，两面三刀端对接后拧牢，包好后的根坨只允许在上沿花卉基部有少部分裸露。包好的根坨稍微倾斜放置在骨架上，用铁丝固定。若植物材料种植在圃地中，应在上架前1～2天起出上盆、浇透水，以便根坨成形。

4）给水安排。外被植物材料为五色草、小菊头等扦插类材料时，可用喷雾器具直接喷水。带有根坨的植物材料，需要设置给水管。简易的方法是用普通的建筑用塑料水管，在根坨上架的同时，从最高处开始，沿所有根坨逐层盘绕，并用细铁丝紧贴麻袋布固定。一边上管，一边在管朝向根坨一面的每个根坨处用尖锐扎锥扎3～5个小孔，做出水孔，给水管末端用铁丝扎紧，不要漏水。给水管的进水口设在最高处，通过1个特制的变口径接头与1根直径较大（常为给水管直径的2倍以上）的上水管相连，此上水管不能暴露在造型外，应预伏在骨架内，其下部一般用直径2厘米的铁管，经弯头变向从骨架基部引出，再用1根黑胶管引至平面花卉图案外缘。供水时，可将自来水直接引入黑胶管，水在自来水自身的压力下经给水管系统，从出水孔喷射到根坨麻布上湿润根坨，起到给立体花坛供水的目的。另外，有的立体花坛是由盆花直接拼摆在骨架上组成，供水系统是由很多小细管或由喷雾器喷水，来达到给水浇灌的目的。

（3）五色草的栽培技术和养护管理。在立体花坛的植物材料运用中，常见五色草、小菊、仿真花卉等，但以五色草为最主要的品种，下面就重点介绍五色草栽培技术和养护管理。

1）品种与形态特征。五色草又名锦绣苋、三色苋、毛毡苋、红绿草、模样苋、五色苋等，属苋科、虾菜属。该属常见栽培品种、变种有小叶绿、大叶绿、微叶绿、小叶黑、微叶红、小叶红，系血苋属的有尖叶红叶苋，系景天科景天属的有白草。以上品种习惯上统称为五色草，为多年生草体，茎直立或斜立，分枝多呈密丛状。五色草单叶对生，椭圆形、倒卵形或卵状披针形，先端尖、全缘，基部抱茎或呈长叶柄，叶色丰富，常具彩斑或色晕，嫩叶可食。节膨大。头状花序，1～3个顶生或腋生，花无柄，白色簇生成球，萼5片，无花瓣，花期12月至翌年2月。胞果含种子（长江以北难产生种子）。白草，叶无柄，3叶轮生，线形，灰绿色全缘。顶生聚伞花序，花期5—6月，花瓣5，黄色，多年生草本植物。

2）生态习性。五色草原产南美巴西。喜温暖湿润气候和充足阳光，排水良好、疏松肥沃的沙壤土，略耐阴，不耐寒，也不耐夏季酷热，怕湿又不耐旱，较耐修剪。盛夏生长迅速，秋凉生长迟缓。因获种子困难，繁殖主要用扦插繁殖。在气温20～25℃、土温18～24℃、相对湿度70%～80%时，3～4天即可生根。黄淮地区7—8月份生根最快。栽培中关键在于保护母株安全越冬，一般要求越冬温度为13～18℃，实践证明越冬低限在9～11℃。五色草母株如果管理不当，会导致植株生长发育不良，严重的会造成死亡，影响翌年的使用。因此，在8—9月份，选取生长健壮的嫩茎，按叶色分别扦插在盛有干净、肥沃沙壤土的盆里，插后浇透水，适当遮阴，待生根后留作母株，10月下旬移入温室，也可用同样的方法直接种植于内繁殖床里。越冬的室温在14～20℃，空气相对湿度为70%～80%，9℃以下低温、高湿，植株易烂根死亡，土壤须保持湿润。

白草原产我国和日本。喜光照，耐旱易生根，喜冷凉，具有一定耐寒性。因茎叶表面有角质层，耐寒力强于五色草，黄淮背风向阳处可露地越冬。对土壤要求不严，但喜肥沃、疏松、排水良好的沙壤土。白草因稍耐寒，在下霜前移入低温室（黄河以南可室外越冬），室温4～8℃，一般不干不浇水，这样可以安全越冬，翌年4月出房。

3）繁殖方法。五色草因种子难得，制作各种花坛用苗均作扦插繁殖。如果适栽环境好，四季均可繁殖，6—9月份是五色草生长发育最适期，繁殖成活率高、生根快。插穗要求生长健壮、颜色鲜艳、无病虫害，长度为6～8厘米，将下部约3厘米以下的叶片去掉。扦插时，用扦插锥或细棍在床面上向下斜插（倾角为45°～60°，以利插穗插入且不损坏其嫩茎）出孔洞，再插入插穗，然后用手按实，行距约为5厘米。

扦插完后，立即浇一次透水，以后要每天上午、下午各喷一次水，保持土壤湿润，喷水过多过少均影响成活率，特别是床面不能有积水。适当的光照利于生根，但不宜过强，要适当遮阴。另外，还要注意通风，保持合适的湿度。

4）养护管理。养护管理的水平，直接影响立体花坛的观赏效果。管理精细，五色草成活率高、生长健壮，不但能提高观赏价值，还能延长花坛的观赏时间。

①合理浇水。浇水应采用喷洒的方式，以防冲毁土壤、五色草倒伏或折断。浇水的时间也要掌握好，当五色草在花坛内扦插完后，立即浇一次透水，平时要保持土壤的湿润，一般天气情况，每天浇两次水，应在上午10时左右和下午4时左右进行，忌在中午气温高时进行。而立体花坛常采用少量多次的方法，一般每天喷水3～5次，气温高时要适当增加喷水次数。浇水时的水温要控制好，夏季应用高于15℃，其他季节约在10℃左右。浇水量不宜过多或过少，以免产生烂根或干枯。

②适时施肥。五色草肥料的供应主要靠花坛土壤内的基肥，花坛土壤可用20%腐熟的饼肥、20%蛭石、60%沙壤土混合而成。如果生长期较长，可采取薄肥勤施的方法进行追肥，一般10～15天追肥1次，根部施肥或叶面喷洒均可，时间上在晴天的傍晚为宜。化肥和微量元素施用浓度不超过0.3%和0.05%，有机肥浓度不超过5%。

③修剪得当。为保持五色草高度一致，促进根、茎、叶的生长，使花坛图案纹理清晰、整洁，要经常进行修剪，一般15～20天修剪1次。修剪时，首先用大平剪进行平面整体修剪，使花坛平面平整。大的平面可拉线修剪，处于生长养护期的花坛，为了控制五色草的高度，可适当重剪，刚施工完的花坛进行轻剪，只要修平即可。然后，对图案用手剪进行细致修剪，使图案线条明显、纹理清晰。另外，对于要求达到立体艺术效果的花坛，如文字、模纹花坛等，通过修剪使文字或图案凸出来，具有立体感，修剪时对图案线条的四周要重剪，里面轻剪或不剪，衬底间要剪清晰。

④防治虫害。五色草扦插花坛易出现烂叶现象。国庆期间布置的花坛多因低温高湿所致，一旦出现烂叶，就要减少喷水的次数和喷水量。也可喷药防治，药物有农用15%～20%链霉素、速克灵可湿性粉剂，喷雾浓度为0.004%，1～2次即可治愈。但是，喷药后24小时内不可喷水。

⑤及时补植。五色草花坛如出现萎蔫、死亡和缺苗现象，应及时补植，补植的规格、品种、颜色要与原来设计保持一致。

⑥清除杂草。花坛里的杂草与五色草争夺水肥，不仅影响五色草的生长，而且影响观赏效果，所以要及时清除杂草。

## 七、活动花坛与钵植应用设计

所谓活动花坛是对前述的具有固定植床的固定性花坛而言的，它是随着现代城市的发展，施工手段的逐步完善而推出的花卉应用形式。在花圃内，依设计意图把花卉栽种在预制的种植钵（种植箱）内，待花开时运送到城市广场、道路两旁和其他建筑物前进行装点，不仅施工便捷，还可迅速形成景观，符合现代化城市发展的需要。

### 1. 活动花坛与种植钵设计

（1）色彩纹饰。总体上要求造型美观，纹饰以简洁的灰、白色调为适，以突出花卉的色彩美。同时，还应考虑质地轻便、易于移动，既可以单独陈放，又能拼组和搭配使用。

（2）造型。总体要求造型美观。有圆形、方形、高脚杯形，以及由数个种植钵拼组成的六角形、八角形和菱形等。

（3）制作材料。有玻璃钢、泡沫砖和混凝土等。用混凝土为构件的种植钵可以在立面加色、加水刷石和拉毛等粗犷纹饰。以玻璃钢为构件的较混凝土质地轻、便于造型，可添加沟槽纹饰。此外，还有用原木和木条做种植箱的外装饰，更富有自然情趣。

### 2. 花卉种植设计

适合活动花坛及钵植应用的植物种类十分广泛，如一二年生花卉，球根和宿根花卉，矮生的蔓性和匍匐性的植物及多肉植物等。

（1）植物种类的选择及设计要点

1）选择应时的花卉作为种植材料。如春季栽植金盏菊、雏菊、郁金香及水仙等；夏季选用美女樱、虞美人、花菱草等；秋季应用菊花、三色苋等；冬季选用羽衣甘蓝，为街景及绿地增添季相景观，冬季室内可选用仙客来、瓜叶菊等。

2）用几个单体的种植钵拼组成的活动花坛，可以选用同种花卉不同色彩的园艺品种进行色块构图或不同种类的花卉，但在花形、株高等方面相近的花卉做色彩构图，均能收到良好的效果。例如采用三色堇的白花、黄花、紫花三个园艺品种拼组成六角形活动花坛，色调明快、轮廓清晰。

3）花卉的形态和质感与种植钵的造型协调，色彩上应该有对比，才能更好地发挥装饰效果。如白色的种植钵与红、橙等暖色花搭配会产生艳丽、欢快的气氛，与蓝、紫等冷色系花搭配会产生宁静、素雅的气氛等。

（2）施工及养护

1）根据需要，对种植钵、植物材料及摆设现场分别绘出图纸和提出培育计划。

2）活动花坛的种植工程，均在圃地内预制，并注意浇水和养护管理，直至花期。

3）在花期，按定购所需用起重吊车运往摆设地点陈设或组装。

与固定花坛相比，活动花坛有以下优点：一是施工快，保证质量。由于活动花坛的栽植及养护工作大部分是在圃地内进行，不仅施工不会妨碍交通和污染街景，同时花坛内的植物材料的质量有保证，即使有不合格的花苗，也能先补植或更换，从而提高了景观效果。二是节省劳力。特别是为一些无专门绿化工人的部门进行的临时应用提供了方便。三是活动花坛可以按季节更替，灵活进行花苗更换、（在室内）反季节运用。四是种植钵便于移动，也可重新组合。可依陈设位置不同，提高装饰效果，如大型的展览和会议也可进行租摆。活动花坛是如今广泛应用的形式，随着养花技术的进一步提高，会有更广阔的前景。

## 第二节　花境设计与应用

花境是模拟自然界中林地边缘地带多种野生花卉交错生长的状态，运用艺术性手法种植设计的一种花卉应用形式。介于规则式和自然式构图之间的一种长形花带，带状两边是平行或近于平等的直线或曲线。从平面布置看，它是规则的，从内部栽植看是自然的，植物材料以耐寒的可在当地越冬的宿根花卉、观花灌木为主，间有一些耐寒球根花卉或少量的一二年生草花。

花境是由花组成的境界，它源于英国古老而传统的私人别墅花园，它没有规范的形式，园中主要种植主人喜爱，又可在当地越冬的花卉。其中以管理简便的宿根为主要材料，随意种在自家庭园。到19世纪后期，别墅花园的种植方式提高了艺术性，形成了一

种欣赏植物自然景观美的新形式，称为宿根花卉的边境，即古典花境。随着时代的变迁，花境的形式和内容也发生了许多变化，但其基本形式和种植方式仍被保留了下来。花境在园林中，不仅增加了自然景观，还有分隔空间和组织游览路线的作用。

花境是一个连续的植物群体，其组成的基本单元是花丛，以自然式花卉布置，每个花丛由3～5株，甚至十几株花卉组成，可以是同一种类，也可以是不同种类混交，常选用野生花卉和自播繁衍的一二年生花卉。花丛在经营管理上是很粗放的，可以布置在树林边缘或自然式道路两旁（图3—4）。

图3—4　花境

花丛从平面轮廓到立面构图都是自然的，同一花丛内种类要少而精，形态和色彩要有所变化，各种花卉以块状混交为主，并要有大小疏密、断续的变化。

## 一、花境的特征和类型

### 1. 花境的特征

（1）构图

1）花境是一种混合的构图形式（平面轮廓布置、植物配置）。花境的平面轮廓与带状花坛相似，种植床的两边是平行的直线或是有几何轨迹可寻的曲线，线条是连续不断的。其平面轮廓是规则式的，但花境内部的植物配置则完全是自然式的，所以花境兼有自然式和规则式的特点，是一种混合的构图形式。

2）花境是一种沿着长轴方向演进的连续构图。花境的长轴很长，没有一定限度，短轴的宽度是一定的，其宽度是从视觉要求出发的，以游人高点视场内能看得清楚为原则，超过视觉鉴赏的宽度是不需要的。一般来说，矮小的草本植物花境，宽度应相对小一些；高大的草本植物或灌木花境，其宽度要大一些。

（2）植物配置

1）花境内栽植的植物是以多年生花卉和灌木为主的自然式配置。花境内通常不用高大乔木作为栽植材料，也很少用修剪整齐的常绿乔木作为竖向装饰。

2）强调群体的水平和竖向景观。花境内的每一株植物不能脱离群体，必须栽植在带状种植床内。一般花境与环境之间装饰，有明确的边界线，常用镶边植物加以强调。花境内植物基本构图单位是花丛。每组花丛通常由5～10种花卉组成，各种花卉集中栽植，平面上看是各种花卉的块状混植；立面上看是高低错落，犹如林缘野生花卉交替生长的自然景观。

3）花境内的植物适应性强，管理粗放。植物通常以耐寒的多年生宿根花卉为主，间植一些灌木、耐寒的球根花卉或植少量的一二年生草本花卉。花境内的植物3—5年内需更换，只需要加以中耕、施肥、保护、灌溉及局部更新即可，而且植物的适应性较强，能够露地越冬。

4）花境内植物种类多，植物配置要考虑到每个季节均有景观，具有季节性交替，四季美观。花丛内由主花材形成基调，即每季以2～3种花卉为主；次花材作为配调，由各种花卉共同形成季相景观。

（3）表现主题。花境表现的主题是观赏植物本身所特有的自然美，以及观赏植物自然组合的群落美，所以构图不是平面的几何图案，而是植物群丛的自然景观。在强调植物具有自然美的同时，要考虑植物与植物之间、植物群落内部有机体之间相互作用的生物学规律（如植物间搭配是否易产生病虫害等），而不是单纯地从追求图案美或层次错落等美观的要求出发。另外，花境的植物配置是自然式的，但是整个花境，自始至终均有明显的主调植物反复出现。

### 2. 花境的类型

（1）依据应用的植物材料分类

1）灌木花境。花境内应用的观赏植物，全部是灌木。主要有以观花和观果为主，或选择叶片有特殊观赏价值的灌木等。例如红叶灌木，银灰、斑叶灌木等。

2）耐寒多年生花卉花境。这是花境的主要类型，选用当地可以露地越冬、适应性较强的多年生花卉组合而成。例如鸢尾、芍药、萱草、荷包牡丹等。

3）球根花卉花境。花境内栽植的花卉为球根花卉，例如百合、石蒜、大丽菊、水仙、风信子、郁金香、唐昌蒲等球根植物，都可以组成球根花卉花境。

4）一年生花卉花境。在必要时，也可以用一年生植物来组成花境，由于费工太多，所以这种花境是临时和短期应用的，平时不太适用。

5）专类植物花境。由一类或一种植物组成的花境，称为专类植物花境。如蕨类花境、牡丹花境、百合花境、菊花花境等。作为专类花境的植物，在同一类植物或同一种植物内，其中变种和品种的数量很多，差异也很大时，才有良好效果。如果同一种植物，只有一个或两个变种，设计专类花境就会有些单调。

6）混合花境。主要是指由灌木和耐寒性多年生花卉混合而成的花境。在花园、公园中应用最广泛、最普遍的就是混合花境，其次是宿根草本花卉花境。

（2）根据规划设计方式分类

1）单面观赏花境。花境靠近道路和游人的一边，比较低矮，离开道路及游人的一边，植物逐渐高大起来，形成一个倾斜面；花境远离游人一边的背后，有建筑物或植篱作为背景，使游人不能从另外一边去欣赏它，该种花境称为单面观赏花境。单面花境的高度可以超过游人视线，但是不能超过太多，一般不允许栽植乔木。

2）两面观赏花境。该种花境设置于道路、广场和草地的中央，花境的两边，游人均可以靠近去观赏，一般中央最高，两侧植物逐渐降低，该种花境没有背景。中央最高部分，一般也不超过游人视线的高度，只有灌木花境的中央可超过视线高度。

3）独立演进花境。独立演进花境，就是主景花境，是两面观赏的。有中轴线，必须布置在路的中央，使道路的轴线与花境的轴线重合。

4）对应演进花境。一般作为配景花境，配置于道路轴线的两侧、广场或草坪的四周、建筑物的四周，其形式为二列花境或周边花境互相拟对称。当游人沿着道路前进时，不是侧面欣赏一侧的构图，而是整个园林局部统一的连续构图，这种花境，称为对应演进花境。尤其是道路两侧的花境，应该依道路的中轴线把左右二列花境当作一个构图来设计，使左右两列花境成为对应的拟对称演进，在演进的节奏上，左右二列花境不可呆板对称，而要互相顾盼和应答。

## 二、花境的设计

花境是一种半自然式的种植方式，极适合应用于园林建筑、道路、绿篱等人工构筑物与自然环境之间，起人工到自然的过渡作用。

### 1. 花境设置位置

花境是连续风景构图，总是沿着游览线或通路来布置。可以布置花境的场合很多，常见的有以下4种：

（1）建筑物的墙基前设置花境。这种布置，通常称为基础栽植。当建筑物的高度不

超过4～5层时，在建筑物墙基与建筑物周围通路之间的带状空地上，可以用花境作为基础装饰，这种装饰可以软化建筑的硬线条，使墙面与地面所成的直角强烈对立能够得到缓和，使建筑物的几何体形，能够与四周的自然风景和园林风景取得调和。但是，当建筑物的高度超过5～6层时，由于建筑物的体量与花境的体量悬殊太大，在装饰的比例上是相称的，要有很大的过渡面积，因此花境就不能起作用了，也就不能应用了。

作为建筑物基础栽植的花境，应该采用单面观赏的，以墙面作为背景，花境的色彩应该与墙面积取得有对比的统一，墙面的色彩就是花境色彩构图的基调。

另外，围墙、栅栏、篱笆及坡地的挡土墙前也可设置花境。

（2）道路旁可设置花境。作为规则式园林轴线上的道路，如果作为花境路的规则，可以分为3种方式：

1）在道路中央，布置一列两面观的花境。花境的中轴线与道路的中轴线重合。道路的两侧，可以是简单的草地和行道树，也可以是简单的植篱和行道树。

2）在道路的左右两侧，每边设置一列单面观赏的花境，花境的背面都有背景和行道树。二列花境必须成为一个构图，能够以道路的中轴线作为二列花境的轴线，二列花境的动势集中于中轴线，成为不可分割的一组对应演进的连续构图。

3）在道路中央，设置一列两面观赏的独立演进花境，道路两侧设置一对对应演进的单面观赏花境，中央设置独立演进两面观赏的花境，在中轴线左右自成一个对应演进的构图，但是不必对称。道路左侧的单面观赏的花境与中央的两面观赏花境，并不需要对应，但是和道路右侧的单面观赏花境则需要对应起来。在连续构图上，中央的两面观赏花境是主调，左右的二列单面花境是配调。

另外，园林中游步道边适合设置花境，若在道路尽头有雕塑、喷泉等小品，可设于道路两边。在边界物前设置单面观赏花境，既有隔离作用又有好的美化装饰效果。通常在花境前再设置园路或草坪，供人欣赏。

（3）与植篱和树墙的配合。在规则式园林中，常常应用修剪的植篱或由常绿小乔木修剪而成的树墙来组织规则式的闭锁空间，这些空间，好像是由建筑物组成的四合空间一样。在这些绿篱和树墙的前方布置花境，是最动人的，花境可以装饰树墙单调的立面基部，树墙可以作为花境的单纯背景，二者交相辉映。然后在花境的前面再设置园路，以便游人欣赏。配置在绿篱和树墙前面的花境是单面观赏的花境。

（4）与花架、绿廊和游廊的配合。花境是连续构图，最好是沿着游人喜爱的散步道路设置。在雨天，游人常常沿着游廊走，尤其是中间园林建筑，游廊特别多。在夏季有阳光的时候，游人常常在花架和绿廓底下休息。所以沿着游廊、花架和绿廊来布置花境是能够大大提高园林的风景效果的。

花架、绿廊、游廊等建筑物，都有高出地面30～50厘米的建筑台基，台基的立面前方，可以布置花境，花境的外方再布置园路，这样在游廊内或绿廊内的游人，在散步时，

可以沿路欣赏两侧的花境，同时，花境又可以装饰花架和游廊的台基，把不美观的台基立面加以美化。

### 2. 花境的设计

（1）植床的设计。

1）花境的朝向。由于光线的关系，独立演进的花境，可以自东向西或自南向北布置，对应演进的花境，必须自北向南布置，不能自东向西布置。如果东西向演进，一列花境向阳，一列花境向阴，二列花境栽植的植物就不能对应起来，破坏构图，所以不适合东西布置。

2）花境的种植是带状的。单面观赏花境的后边缘线多采用直线，前边缘线可为直线或自由曲线。两面观赏花境的边缘线基本平行，可以是直线，也可以是流畅的自由曲线。

3）花境的大小取决于环境空间的大小。通常花境的长轴长度不限，但为管理方便及体现植物布置的节奏、韵律感，可以把过长的植床分成几段，每段长度不超过20米为宜。段与段之间可留1～3米的间歇地段，设置座椅或其他园林小品。花境的短轴长度有一定要求。就花境自身装饰效果及观赏者视觉要求出发，花境应有适当的宽度。过窄不易体现群落的景观，过宽超过视觉鉴赏范围造成浪费，也给管理造成困难。通常，混合花境、双面观赏花境较宿根花境及单面观赏花境宽些。一般地，单面观赏混合花境4～5米，单面观赏宿根花境2～3米，双面观赏花境4～6米。在家庭小花园中花境可设置1～1.5米，一般不超过院宽的1/4。较宽的单面观赏花境的种植床与背景之间可留出70～80厘米的小路，便于管理，又有通风作用，并能够防止做背景的树和灌木根系侵扰花卉。

4）种植床的整理要求。种植床依环境土壤条件及装饰要求可设计成平床或高床，并且应有2%～4%的排水坡度。一般地，土质较好、排水力强的土壤，设置于绿篱、树墙前及草坪边缘的花境，宜用平床，床面后部稍高，前缘与道路或草坪相平，这种花境给人以整洁感。在排水差的土质上，阶地挡土墙前的花境，为与背景协调，可设置成30～40厘米高的高度，边缘用不规则的石块镶边，使花境具有粗犷风格，若使用蔓性植物覆盖边缘石，又会营造柔和的自然感。

（2）背景设计。单面观花境需要背景。花境的背景依设置场所不同而异。较理想的背景是绿色的树墙或高篱。用建筑物的墙基及各种栅栏做背景也可，以绿色或白色为宜。如果背景的颜色或质地不理想，可在背景前选种高大的绿色观叶植物或攀缘植物，形成绿色屏障，再设置花境。

背景是花境的组成部分之一，可与花境有一定距离，也可不留距离，总之设计时应从整体考虑。

（3）边缘设计。花境边缘不仅确定了花境的种植范围，也便于前面的草坪修剪和园路清扫工作。

1）高床边缘可用自然的石块、砖头、碎瓦、木条等垒砌而成。

2）平床多用低矮植物镶边，以15～20厘米高为宜。可用同种植物，也可用不同种植物，以后者更近自然。

3）若花境前面为园路，边缘用草坪带镶边，宽度至少30厘米以上。

4）若要求花境边缘分明、整齐，还可以在花境边缘与环境分界处挖20厘米宽、40～50厘米深的沟，填充金属或塑料条板，防止边缘植物侵扰蔓路或草坪。

（4）种植设计。

1）植物选择。全面了解植物的生态习性，并正确选择适宜的材料是种植设计成功的根本保证。应根据观赏特性选择植物，选择植物时应注意以下方面：

①花境内植物最好是适应性强的耐寒、露地多年生植物。

花境内的植物栽植后，一般3～5年内不进行轮换。同时为了园林中大量花卉种植的经济要求，既要达到花卉布置四季华美的效果，又要达到节省维持和养护管理费用的目的，花境内栽植的植物，最好是适应性强的耐寒、露地多年生，一般不需要特殊管理的植物，同时兼顾一些小灌木、球根类和一二年生花卉。如北京，街道上布置花卉时，就应该大量应用当地野生的马蔺花。

②花境内的植物花期要长，最好花叶兼美。

花期过短的花卉，如郁金香等，不适宜作花境。除了花期长以外，所选植物最好花叶兼美，因为花境内植物，花谢后并不移出种植床，如果叶子不好看，或是开完花以后枝叶就枯萎，这样就会使另外一个季相破坏。如萱草、荷包牡丹、鸢尾、薰衣草、射干、宿根飞燕草。宿根福禄考等多年生花卉，不仅有华美的花，而且不开花的时候，叶子也都很美观，这些多年生花卉，在北京也都能露地生长，适应性也较强，选作花境植物最适宜。

③花期能分散于各季节，并注意深根系和浅根系的搭配。

在花境设计时，应注意不同生长季节的变化，深根系和浅根系的搭配。如荷包牡丹与漏斗菜类，上半年生长，炎夏茎叶休眠，应在其间配一些夏秋生长茂盛而春夏又不影响观赏的其他花卉。石蒜类花卉根系深，开花时没有叶子，如与浅根系茎叶葱绿而匍匐生长的爬景天配合种植，会收到良好的效果。另外，注意使相邻的花卉在生长强弱和繁衍速度方面要相近，否则设计效果就不能持久。

④花色丰富多彩，花序有差异，有水平线条与竖直线条的交叉。

花境的画面与花坛不同，花境的立面美比较重要。花序呈平面分布而植株矮小的植物，如香雪球、针叶福禄考、半枝莲、三色堇、雏菊，观叶植物中如石莲花、红绿苋等植物，可以造成良好、致密、低矮的平面华丽效果，是理想的花坛植物，但是对于花境来说，这些植物除了镶边或覆盖土面以外，就没有价值了。但是，有花朵垂直的高大植物，如蜀葵、宿根飞燕草、自由钟、百合类、蛇鞭菊等作为花坛植物不合适，可是作为花境栽植就非常合适。

还可选有较高的观赏价值或其他特殊价值的植物，如芳香植物，花形独特的花卉、花叶兼美的植物，观叶植物等，但一般不选用斑叶植物，因它们很难与花色调和。

2）色彩设计。花境的色彩主要是由植物的花色来体现的，植物的叶色，尤其是少量观叶植物的叶色也起了较大作用。

在花境的色彩设计中可以巧妙地利用不同共色来创造空间或景观效果。如把冷色占优势的植物群放在花境后部，在视觉上有加大花境深度、增加宽度之感；在狭小的环境中用冷色调组成花境，有空间扩大感。在平面花色设计上，如有冷暖两色的两丛花，具相同的株形、质地及花序时，由于冷色有收缩感，若使这两丛花的面积或体积相当，则应适当扩大冷色花的种植面积。利用花色可产生冷、暖的心理感觉，花境的夏季景观应使用冷色的蓝紫色系花，可给人带来凉意，而早春或秋天用暖色的红、橙色系花卉组成花境，可给人暖意。在安静休息区设置花境宜多用冷色调花，如果为增加热烈气氛，则可多使用暖色调的花。

花境色彩设计中主要有4种基本配色方法：

①单色系设计。这种配色法不常用，只为强调某一环境的某种色调或一些特殊需要时才使用。

②类似色设计。这种配色法常用于强调季节的色彩特征时使用，如早春的鹅黄色、秋天的金黄色等。有浪漫的格调，但应注意与环境协调。

③补色设计。多用于花境的局部配色上，使色彩鲜明、艳丽。

④多色设计。这是花境中常用的方法，使花境具有鲜艳、热烈的气氛。但应注意依花境大小选择花色数量，若在较小的花境使用过多的色彩反而产生杂乱感。

花境的色彩设计中还应注意，色彩设计不是独立的，必须与周围的环境色彩相协调，与季节相吻合。开花植物（花色）应散布在整个花境中，避免某局部配色很好，但整个花境观赏效果差。较大的花境在色彩设计时，可把选用花卉的花色用水彩涂在某个种植位置上，然后取透明纸罩在平面种植图上，绘出某季节开花花卉的花色，检查其分布情况及配合效果，可据此修改，直到使花境的花色配置及分布合理为止。

3）季相设计。花境的季相变化是它的特征之一，理想的花境应该四季有景可观，寒冷地区可做到三季有景。

花境的季相是通过种植设计实现的。利用花期、花色及各季节所具有代表性的植物来创造季相景观，如早春的报春、夏日的福禄考、秋天的菊花等。植物的花期和色彩是表现季相的主要因素，花境中开花植物应连续不断，以保证各季的观赏效果。花境在某一季节中，开花植物应散布在整个花境内，以保证花境的整体效果。

具体设计方法：在平面种植图上标出花卉的花期，然后依月份或春、夏等时间顺序检查花期的连续性，并且注意各季节中开花植物的分布情况，使花境成为一个连续开花的群体。此项设计也可结合花境的色彩设计同时进行。

4）立面设计。花境要有较好的立面观赏效果，应充分体现群落的美观。植株高低错落有致，花色层次分明。立面设计充分利用植株的株形、株高、花序及质地观赏特性，创造出丰富美观的立面景观。

①植株高度。宿根花卉依种类不同，高度变化极大，从几厘米到两三米，可供充分选择。花境的立面安排一般原则是前低后高，在实际应用中高低植物可有穿插，以不遮挡视线、实现景观效果为佳。

②株形与花序。它们是与景观效果相关的另外两个重要因素。结合花相构成的整体外形，可把植物分成水平型、直线型及独特型三大类。水平型植株浑圆，开花较密集，多为单花顶生或各类伞形花序，开花时形成水平方向的色块，如八宝、蓍草、金光菊等。直线型植株耸直，多为顶生总状花序或穗状花序，形成明显的竖线条，如火炬花、一枝黄花、飞燕草、蛇鞭菊等。独特花形兼有水平及竖向效果，如鸢尾类、大花葱、石蒜等。花境在立面设计上最好有这三大类植物的外形比较，尤其是平面与竖向结合的景观效果更应突出。

③植株的质感。不同质感的植物搭配时要尽量做到协调。粗质地的植物显得近，细质地的植物显得远等特点，在设计中也可利用。立面设计除了从景观角度出发外，还应注意植物的习性，维持生态的稳定性。

5）平面设计。首先确定出不同种类的植物所占的区域范围，并确定主花材。平面种植采用自然块状混植方式，每块为一组花丛，各花丛大小有变化。一般花后叶丛景观较差的植物面积宜小些。为使开花植物分布均匀，又不因种类过多造成杂乱，可把主花材植物分为数丛种在花境不同位置，在花后叶景观差的植株前方配植其他花卉给予弥补。使用少量球根花卉或一二年生草花时，应注意种植区的材料轮换，以保持较长的观赏期。

其次对于过长的花境，平面设计可采用标准化设计，先绘出一个演进花境单元，然后重复出现或设计两个单元交替出现。

在设计中，要使花境内花卉的色调与四周环境相协调，如在红墙前用蓝色、白色就更鲜明活泼，而在白粉墙前用红色或橙色就更显得鲜艳；反之，在青砖墙前用蓝色、紫色效果就不好。

## 三、花境设计图的绘制

花境设计图可用小的钢笔画墨线图，也可用水彩、水粉画方式来绘制（图3—5）。

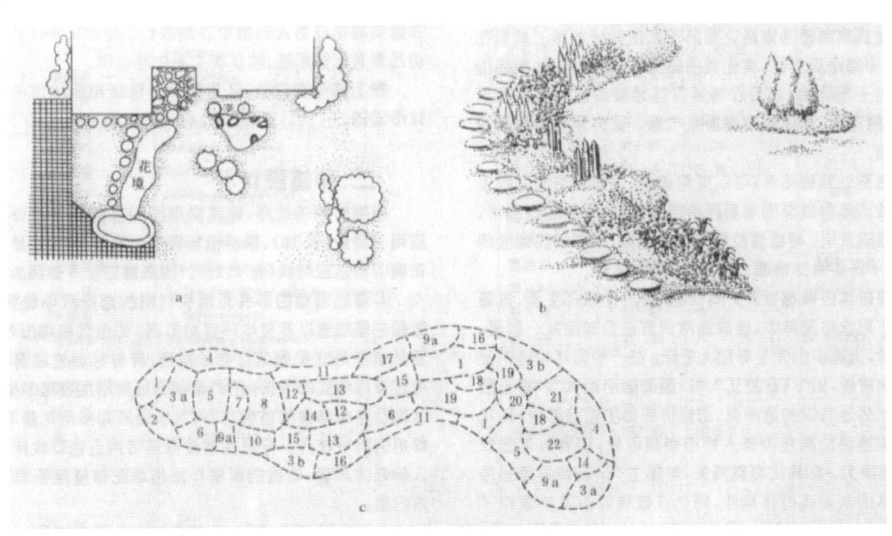


图3—5　花境设计图

1. 环境总平面图

用平面图表示，标注出花境周围的环境，如道路、建筑边界线、广场及花境所在位置。依环境大小，可选用1:100～1:500的比例进行绘制。

2. 花境平面图

绘出花境边缘线，背景和内部种植区域以流畅曲线标示，避免出现死角，以求接近种植后的自然状态。在种植区内编号或直接注明植物，编号后需附植物材料表，包括植物名称、株高、花期、花色等，可选用1:50～1:100的比例绘制。

3. 花境立面图

花境立面图可以一季景观为例绘制，也可分别绘出各季景观。选用1:100～1:200比例绘制。

4. 透视效果图

选取适当的透视角度，全面反映花境植物组成的景观。此外，如果需要，还可绘制出花境种植施工图及花境设计说明书。种植施工图在种植区域内绘出每株丛植物的位置、名称、数量，比例可选用1:20～1:50。说明书可简述作者的创作意图及管理要求等，并对图中难以表达的内容作说明。

## 四、花境的施工及养护管理

1. 施工

（1）整床。由于花境施工完成后还要使用多年，因此需要有良好的土壤。如果土质过差，应换土，但应注意表层肥土及生土要分别放置，然后依次恢复原状。通常混合式花境土壤需深翻60厘米左右，筛出石块，距床面40厘米处混入腐熟的堆肥，再把表土填回，然后整平床面，稍加镇压。

（2）放线。按平面图纸分块用白粉或沙在植床内放线，对有特殊土壤要求的植物，可在其种植区采用局部换土措施。要求排水好的植物可在种植区土壤下层添加石砾。对某些根蘖性过强，易侵扰其他花卉的植物，可在种植区边界挖沟，埋入石头、瓦砾、金属条等进行隔离。

### 2. 栽植

（1）由于花境所用植物材料多为多年生的花卉，故第一年栽种时整地要深翻，一般要求深达40～50厘米，若土壤过于贫瘠，要施足基肥，若种植喜酸性植物，需混入泥炭土或腐叶土，然后整好轧平即可放样栽种。栽种时，要先栽种植株较大的花卉，再栽种植株较小的花卉。先栽宿根花卉，再栽一二年生草花和球根花卉。

（2）花境虽不要求年年更换，但日常管理非常重要。每年早春要进行中耕、施肥和补栽。有时还要更换部分植株，或播种一二年生花卉。对于不需人工播种、自然繁衍的种类，也要进行定苗、间苗。在生长季中，要经常注意中耕、除草、除虫、施肥、浇水等，对于枝条柔软或易倒伏的种类，必须及时搭架、捆绑固定，还要及时清除枯萎落叶保持花境整洁。有的需要掘起放入室内过冬，有的需要在苗床采取措施越冬。

（3）通常按设计方案进行育苗，然后栽入花境。栽植密度以植株覆盖床面为限。若栽种小苗，则可种植密些，花前再适当疏苗；若栽植成苗，则应按照设计密度栽好。栽后保持土壤湿度，直至成活。

### 3. 养护管理

（1）浇水。按一般的浇水程序进行。

（2）施肥。花境在每年早春可以中耕，把应该更新的植物加以分根并重新栽植，晚秋时可以用落叶或腐熟堆肥覆盖土面以防寒，至早春把堆肥埋入土壤深处。

（3）中耕除草。花境种植后，随时间推移会出现局部生长过密或稀疏的现象，需及时调整，以保持其景观效果。早春或晚秋可更新植物（如分株或补栽），并把秋末覆盖地面的落叶及经腐熟的堆肥施入土壤。管理中注意灌溉和中耕除草。混合式花境中花灌木应及时修剪，花期过后及时去除残花等。

（4）补植更新。花境内，某一季节，可能有部分土壤裸露，有损美观，则可以补植一年生花卉，以覆盖土面。夏季可以应用半枝莲，早春可以用三色堇，这些花卉，在暖湿带能够自播衍生，种好以后，就能够年年自然填补空缺。

（5）整形修剪。花境内植物，除背景和镶边植物外，其余均不进行整形。灌木每年在一定时期要作生理上人工修剪，但不整形。花境内的植物，枯枝败花要随时摘去。

（6）病虫害的防治。以防为主，防、治结合同时进行。

## 第三节 节日街景的花卉布置

随着现代城市发展理念的不断完善、现代经济技术的不断进步、人们生活水平的不断提高、人民精神需求的不断增加，各个职能部门常常在重大节日、重要场所进行花卉布置，尤其是“五一”“十一”、春节等传统节日。对主要街道、广场、公园、大型出入口等重要场所进行花卉布置，装饰街景，一是烘托节日主题，增加庆典氛围；二是增添了城市景观，美化生活环境，给人们节日游憩增添乐趣；三是在一定程度上树立了城市的良好形象。同时，节日街景的布置还在一定程度上反映了一个城市或一个地区的经济实力，也反映了人们的精神文明、精神风貌和文化层次。

### 一、室外花卉布置的原则与形式

#### 1. 因地、因时、因材制宜原则

环境条件与气候条件是植物生长的限制因子，所以在进行街景花卉装饰时应首先考虑植物的适应性以及环境特点。不同的地区、不同季节有各自独特的生态条件，适合不同植物材料的生长。即使同一地区，在小环境要素之间也有差别，如地面铺装的形式与色彩、已有的绿化形式与规模、地形的高低变化以及所在地点应具有的功能等。所以在进行街景花卉装饰植物配置时，要根据各自的特点去选择适宜的植物和适当的装饰形式，做到将配置的艺术性、功能的综合性、生态的科学性、经济的合理性、风格的地方性、特色的独到性等完美地结合起来。

#### 2. 经济、美观、适用原则

室外花卉装饰有很多的应用形式，大部分花卉的来源应该方便经济、成本低，还要注意整体的美观性，所选择的花卉植物要适合所装饰的场所，结合环境的空间特点，充分发挥其本身特有的功效，突出其丰富多变的艺术性特征。

#### 3. 远近期结合原则

植物材料具有连续变化的特点，不同的生理阶段具有不同的体相及生命特征，也使观赏效果产生一定的变化和差异。在进行花卉装饰时一般都需考虑景观的稳定性及持续性，充分考虑景观远近期效果的结合，做到近处着手、远处着眼。

#### 4. 个性、特色、多样性原则

室外花卉装饰强调人与环境的和谐、地方文化韵味及艺术创意的独到性，也强调造型效果、整体效果的个性特征。随着花卉优良品种的引进及培育，花卉装饰在多样性上也得到极大的丰富，而且运用花卉装饰不仅要强调植物的展示与环境的美化，更多的是一种个性与地方特色的显扬。

## 二、花卉布置的主要形式

节日街景布置与室外展览标志花饰是室外花卉装饰的主要形式，其主要表现手法是运用花坛、活动花坛与钵植、立体花坛等形式进行装饰。

在节日街景的布置中，主要是运用盆花组成各种形式的花坛及活动花坛与钵植进行装饰，以达到渲染节日气氛的目的。

### 1. 主题花坛

主题花坛是具有一定的主题，以多种园林要素，即以花卉、花木乃至树木结合山石、水体、建筑小品、台阶等庭园形式综合表现主题的内容。其形象比较完美，也较复杂，并不是以花卉为主，也不是运用常规的、面积较小的花坛形式，而是超越花坛的概念而成为小小的园林了，但人们仍习惯地称为花坛。

### 2. 纹样花坛

纹样花坛在纯观赏花坛中，是以各种不同色彩、不同姿态的花卉组成各种花纹图案，以显示花卉群体美的花坛。它利用低矮植物作为材料，使花纹贴近地面，犹如地毯一般，故又被称作毛毡花坛。在国外应用较多，而且最初多配置在大型建筑物前后的开阔空间，后渐渐广泛应用于公共场所及城市道路系统中。

### 3. 标题花坛

标题花坛是直接将设计的主题用花坛形式表现出来，如纪念党的十一届三中全会，以11条放射线伸向花坛顶部的一面红旗来表现，也有以音符标记，配以圆环、花带表现音乐主题的花坛。例如，昆明园博会以5根高耸的花柱象征五大洲的大型花坛，以花卉组成和平鸽图案表示主题内涵的花坛。

### 4. 花坛夜景

夜景是花坛艺术欣赏的一个特殊方面，也是现代化城市景观要求的一个“亮点”。夜是暗的，要求有亮的对比。夜是静的，也是净的，从视觉感官来看，在夜间，复杂的其他景物都看不到了。故在设计花坛夜景时，最好有动态的景观对比，从造型和色彩上都可以将静态的花坛“动”起来，还要突出主景，不同的主景有不同的突出方法，要独具特色。另外，还要注意花坛夜景的背景与环境。如要突出主景，则其周围的欣赏视距范围内最好漆黑一片，不要装饰太“亮”，以免干扰主景。但就主景本身而言，其外形轮廓一定要清晰，或以灯盏勾勒轮廓线，或采用通身透亮的方法（图3—6）。

### 5. 由盆花组成的花海

花坛的面积与容量由“点”扩大到“面”，以往花坛大多是面积不大的花地，或称色块。在公园里、树林下有大片大片的郁金香“花地”，尤以昆明园博会主干道上的连串大“色块”突破了以往花坛的概念与运用范围。这也使观赏花坛由习惯于近赏扩大到宏观的远望，使那种花的海洋的气魄，让人产生为之雀跃的心情。

### 6. 由盆花组成的花流

花本身是静态的，以花坛的形式表达，更显其静赏特色。花的生长动态在短时期内不易被人眼觉察，但如果以流的形式表现则具有动感。近阶段的盆花的装饰也有以花流、花溪的形式出现（图3—7）。

图3—6 花坛夜景

图3—7 花流

### 7. 活动花坛与钵植装饰

所谓活动花坛是与具有固定植床的固定性花坛相对而言的，它是随着现代城市的发展、施工手段的逐步完善而推出的花卉应用形式。它先是在花圃内，把花卉栽植在预制的种植钵或种植箱内，待花开时运送到城市广场、道路两旁和其他建筑物前，依照各个景点的设计意图、实际需要进行摆放、装饰，不仅施工便捷，还可迅速形成景观，符合现代城市发展需求、生活节奏。

## 三、主要街景的花卉装饰

### 1. 街心公园的花卉装饰

街心公园是供居民休闲、娱乐的场所，其设施一般有亭、廊、花架、石桌、石凳、假山、座椅、树丛、花坛、草坪等。街心公园的花卉装饰主要是利用花坛、花架、草坪等进行盆花装饰，花卉选择主要以地栽宿根花卉为主，品种要多样化。在节日期间，一般选择色彩鲜艳的花卉以衬托节日气氛，还应根据季节的变化选择应时花卉，做到春夏秋三季有花可观，冬季有常绿植物。

街心公园在节日期间主要对立体花坛、平面花坛、花架廓、花墙等进行全方位立体式花卉装饰。

（1）花坛的花卉装饰。街心公园设立的花坛应具有不同形状、不同造型，品种选择上以色彩鲜艳的花卉为主，可以是单一品种组成，也可以是多品种互相搭配，并构成一定的图案。在节日期间常选用的品种有：一串红、菊类、石竹、三色堇、鸡冠花、地肤等。

（2）花架廓的花卉装饰。花架廊主要采用藤蔓植物进行装饰，如藤萝、金银花、凌霄等，有时也可悬挂一些饰物，共同组成节日景观，成为人们休闲、纳凉的好去处。

（3）花墙的花卉装饰。花墙上一般都有高低错落的花窗、花箱、花格，在这些地方可摆放盆花，如吊兰、天门冬、天竺葵、悬崖菊等，给花墙增添动感，使整个花墙富于生机。

（4）地植宿根花卉。在草坪的中心或边缘、道路边、建筑物基部可以种植花色各异的宿根花卉，如月季、鸢尾、萱草、景天等，尤其是月季一年三季有花，花大色艳，品种繁多，易于地栽。

### 2. 街道的花卉装饰

（1）绿化带的花卉装饰。绿化带围边植物一般是绿篱或常绿球类植物，里面是草坪或带有花灌木的草坪，在节日期间一般摆设盆花进行装饰，常组成一定的图案。

（2）人行道绿地。即车行道与人行道之间的绿化带，主要以行道树绿化为主，同时包含大量地面铺装与城市设施等硬质景观要素。节日花卉装饰可充分与硬质景观结合，如在灯柱上悬挂五彩缤纷的吊篮，将各式小型花钵与休息座椅结合起来，还可以点的形式分散放置盆花，使其能充分显示出自然、喜庆的气息。

（3）分车带绿地。分车带绿地是在上下车行道的中间或机动车与非机动车之间的绿化带。节日期间可用盆栽藤本花卉以点或线的形式摆设，如藤本月季就是较好的绿饰材料，有时也采用吊篮、花钵、花球、花柱等形式进行分车道护栏的美化。

（4）立交桥及天桥的绿化。这些地方一般车流量大、交通繁忙、人口密集，其绿化形式多采用立体垂直绿化，如利用爬山虎、凌霄、络石等攀缘植物进行墙面的绿化，或在墙面及栏杆上设置挂钩，以吊盆或吊篮来进行装饰，也可在栏杆上固定花槽，种植色彩艳丽的应时草花，如四季海棠、矮牵牛、天竺葵等。

### 3. 广场的绿化装饰

对广场进行花卉装饰，首先要根据广场的面积、节日人口流动数量的预测，确定花坛的位置及各花坛的面积。大型广场一般要设立标语斜面花坛、喷泉花坛、小品花坛等（图3—8）。

（1）国旗周围的花卉装饰。装饰形式一般有两种：一是花卉在旗杆下装饰，如国庆期间靠近旗杆处可用一串红装饰，外侧用天门冬或地肤装饰；二是花卉在国旗草地外围装饰，如国庆期间用矮化的一串红沿国旗草地外围摆设1～2圈，衬托国旗。

（2）标语斜面花坛的花卉装饰。标语斜面花坛可用菊花、五色草，也可摆放盆花，根据不同的节日摆出相应标语口号，标语口号要体现时代精神、奋斗纲领，以激励人们奋发图强、乐观向上。标语口号要根据广场大小确定出适宜的高度、大小，标语斜面花坛的正面常采用鸡冠花、一串红、彩叶草、菊花等为主要材料，后部常采用棕榈、蒲葵、散尾葵等植物，两侧可用天门冬、地肤、桂花、石榴等进行装饰。

（3）中心喷泉花坛的花卉装饰。中心喷泉花坛是广场中最大的花坛。中间是大型喷

水池，喷水池外围可用各色菊花、一串红、天门冬进行装饰，可装饰成有若干花瓣的向日葵的形状或其他花朵形状。

（4）小品花坛。小品花坛的中心可以是大型的棕榈树、铁树，周围用菊花、一串红、鸡冠花、一品红、绿篱、天门冬等围成图案。中心也可是什锦菊花树、五色草宝瓶、花塔、菊花插花篮、菊花插孔雀、五色草巨龙等，周围用各种花卉围成预定的图案（图3—9）。

图3—8　广场花景

图3—9　小品花坛

### 4. 展览会大门及大门外的花卉装饰

（1）大门的花卉装饰。大门的上方横联上一般均悬挂书写“花卉展览”字样的匾额，大门两侧用绢花或鲜花来修饰，常做成花球、花篮、花柱等，衬托气氛。

（2）花卉展览大门外花卉装饰。花卉展览大门外绿化带的花卉装饰对展览会起着至关重要的作用，应用引人注目、新颖鲜艳的花卉，如什锦菊花树、悬崖菊、金橘等进行装饰。在绿化带相对称的位置摆放两对什锦菊花树，靠近大门处可放置粉红色的什锦菊花树，远离大门处可放置黄白相间的什锦菊花树。悬崖菊花架也可放置在大门两侧，一般在悬崖菊花架上放置6～8盆颜色各异的悬崖菊，在架下可摆放各色的月季、一串红、天门冬等，以衬托悬崖及花架。还常用金橘来进行装饰，在金橘周围还可以用鸡冠花、一品红等花卉作衬托。

### 5. 机关单位的花卉装饰

机关单位为了树立本单位的形象，在节日期间应进行恰当的花卉装饰。政府机关应以庄重为主要风格，装饰构图应简练，花卉种类不宜过多，造型不宜过繁；群众、社会团体单位应以热烈为主，构图可复杂一些，造型要新颖，体现单位特点，花卉品种也应多一些。机关单位花卉装饰的重点部位，如大门口、楼前广场，在平时绿化中就应从长远考虑，种植一些多年生花卉。在重大节日期间，摆放一些色彩鲜艳的花卉，以增添节日气氛。

机关单位节日的花卉装饰，主要是劳动节、国庆节两大节日。劳动节常用的花卉有雏菊、金盏菊、三色堇、石竹、天门冬、彩叶草等，国庆节常用的花卉有一串红、鸡冠花、早小菊、天门冬、大丽花、菊花等。

（1）大门外的绿化装饰。大门两侧绿化带内可以摆设盆花组成花坛，并构成不同的图案，也可以点的形式摆设盆花。

（2）楼前的花卉装饰。如果楼前空间很宽阔，可以设立大型花坛，根据不同的节日摆设不同品种的花卉，并体现相应的节日主题。常用五色草做立体花坛，还可使用斜面花坛的形式进行装饰，也可以用不同色彩的菊花组合成标语、口号。

## 四、立体花坛、活动钵植的设计与制作

活动花坛与钵植是近年来节日街景装饰应用的重要手段之一，随着现代城市的发展、施工手段的不断完善，其应用越来越广泛。它可以按不同的节日进行更换，移动方便、快捷，还可随时进行重新组合，快速成景，也可租摆，以降低成本，符合节日街景花卉装饰的需要。

### 1. 材料准备

首先要根据节日街景装饰的需要，对花坛、种植钵、植物材料及摆设现场分别绘出图纸和提出育苗计划，根据花期适时种植。

立体花坛坛体、活动钵的种植钵总体上要求造型美观，颜色以简洁的灰、白色调为主，以突出装饰花卉的色彩美。同时还应考虑质地轻便、易于移动，既可以单独摆放，又能拼组搭配。坛体或钵体制作材料有玻璃钢、泡沫砖和混凝土等。混凝土为构件的种植钵可以在立面加色、加水，进行刷石和拉毛等粗犷纹饰。以玻璃钢为构件的种植钵比混凝土质地轻，更易于造型，还可添加沟槽纹饰。以泡沫砖为构件的种植钵在实际应用上相对要少一些。此外，还有用原木和木条在种植箱的外表进行装饰，更具自然情趣。

花坛和钵体的造型要因地制宜，巧妙布置，大致有圆形、方形和高脚酒杯形等，以及由多个种植箱组成的船形、六角形、八角形、菱形和其他别具匠心的独特形式。

### 2. 植物材料选择

可用于立体花坛和钵植的植物种类非常广泛，如一二年生花卉、球根和宿根花卉、矮生的蔓性和匍匐性植物及多肉植物等。

（1）选择应时的花卉作为种植材料，为街景及绿地增添季节视点。如春季栽植金盏菊、雏菊、郁金香及水仙等，夏季选用美女樱、虞美人、花菱草等，秋季选用菊花、三色苋等，冬春之交时采用花羽衣甘蓝等。

（2）可以选用不同色彩的同种花卉或不同种类的花卉，但在花柱的高度上相近，作色彩构图时才能收到良好的效果，如可利用三色堇的白花、黄花、紫花3个园艺品种拼组成不同的色块、图案。

（3）花卉的形态与质感和种植钵的造型应该协调，色彩上应该有对比，才能够更好发挥装饰效果。如白色的种植钵与红、橙等暖色花搭配会产生艳丽、欢快的气氛，与蓝、紫等冷色系花搭配能产生宁静、素雅的气氛。

### 3. 立体花坛装饰

随着城市的发展，生活在城市中的人们对城市环境的绿化要求越来越高，传统的平面绿化及装饰手段越来越受到约束，充分利用三维空间来扩大绿量是人们开始探索的一种非常有效的手段，而立体花坛装饰是立体空间绿化装饰的主要形式，备受关注。

（1）立体花坛装饰的主要特点

1）充分利用环境空间，有效增加绿量。在同等体积下，立体花坛要比平面花坛绿化的绿量大，从而增强了绿化效果，并能在平面绿化难以达到的良好效果或无法进行平面绿化的地方发挥作用。其也可对已有的平面绿化进行点缀装饰，增强空间的色彩美感，丰富视觉效果。

2）能够形象地展现时代精神，体现节日主题。立体花坛的展示时间一般比固定花坛短，需要经常更换，往往是随着不同庆典日的到来，及时更换立体花坛，根据庆典的内容来设计立体花坛的造型、材料等，以形象地展现时代精神，体现该庆典日的主题，更好地营造出节日气氛。

3）能够迅速形成景观，符合现代化城市发展的需求和效率。很多立体花坛都可移动、拼组，能够快速组装成形，有的还可在苗圃中预制好，或进行租赁。在节假期间或各种庆典场合中，在短时间内就能形成较好的景观效果。

4）充分体现创造的灵活性、表现形式的多样性。立体花坛多以各种形式的载体构成其基本骨架，如种植钵、卡盆、钢架、金属网架等，经过创意组合，配以合适的花材来完成特定的景观塑造。它以可移动、拼组的容器为基本载体，更能体现出设计者的主观能动性，在置景方式上具有更大的自由度。另外，立体花坛可以多种形式，如棚架、篱墙、各种动物造型等展示出来，并可做出精细、流畅的模纹花样。

（2）立体花坛装饰的主要形式

1）饰物花坛。以某种饰物进入花坛中，起到装饰和加强花坛内涵的作用。饰物造型十分丰富，有人物、动物、建筑物和其他形象，尤以动物为多。如作为中华民族象征的龙，一直都是花坛的主要造型饰物，并以“双龙戏珠”以及长龙与花坛结合的形式最常见（图3—10）。至于表现吉祥的“鲤鱼跳龙门”“孔雀开屏”“万象更新”，以及象征和平宁静的吉祥物“熊猫”等都是常见的饰物花坛，而表现人物的如“老寿星”“天女散花”等。

2）雕塑花坛。以人物雕像或其他雕塑，或以形象优美的山石作为主体而设置的花坛，称为雕塑花坛，如在某名人、英雄雕塑下种植花卉，其花卉色彩、花坛面积的大小要与主体协调统一，能起到纪念与赏花又美化环境的作用。

3）标徽花坛。它属于一个单位或机构，起标示宣传作用，如香港的紫荆花花坛。

4）标志花坛。它是一个事件或一种活动的标志或记录，带有纪念性质，不同时期的活动其标志也随之变化（图3—11），如香港一年一度的花卉展览，每年的标志花坛设计或有不同，或大同小异。而一次性的会议或过程，如昆明园博会的花坛、迎接新世纪来临的花坛等，都属于标志花坛的类型。

图3—10 饰物花坛

图3—11 标志花坛

5）招牌花坛。它是用植物花卉组成文字标示地点及机构名称的花坛。

6）标语花坛。它是以不同色彩的花卉，组成标语、口号、警语等的花坛。

7）花球、花柱、花树等。大型花球、花柱、花树等这些组合形式也属于立体花坛的一种形式，组合装饰多以钵床、卡盆等为基本组合单位，结合先进的灌溉系统进行造型外观效果的设计与栽植组合，是最能体现设计者想象力与创造力的一种手法。常用于大型出入口，具有新颖别致的观赏效果。

8）仿真花卉立体装饰。由于花卉立体装饰花材的季节性和养护技术专业性的要求，在一定程度上限制了其应用范围和应用时间，尤其冬季，北方地区在室外几乎无法进行任何生材花卉立体装饰的应用。鉴于此，目前在园林造景上出现了绢花、声光花柱、花球、玻璃钢仿真植物等，结合材料、声学、光学等高新技术的仿真花卉立体装饰技术，在很大程度上扩大了花卉立体装饰的手法及应用场所。仿真花卉具有不受环境与气候影响、养护程度较低的优点，并具有较强的艺术可塑性，可以很好地调节环境的色彩与气氛。但由于其缺乏真花植物所特有的季相和生命特征的变化，虽然在一定时间可以起到悦目的效果，但由于其一成不变和很强的人工特点，容易让人产生厌倦感，所以仿真立体装饰并不能取代真花植物装饰，应适当注意运用的“度”以及和周围环境的协调。

## 五、花展与会展的花卉布置

### 1. 花卉展览会的类型

花卉展览是指将专类花卉或具有季节特色的各种花卉，按一定形式集中展览，供人

们观赏的一种形式。近年来，随着世界经济一体化进程的加快，国际性、全国性及各地区乃至单位举办的各类花展活动十分频繁。展览的内容、形式丰富多彩。根据展览的性质和规模，可分为综合性展览和专题展览。

（1）综合性展览。综合性展览主要有世界园艺博览会、中国花卉博览会、省园艺博览会等。世界园艺博览会是世界博览会的主题之一。据不全统计，从1851年第一届博览会至今，已有40届以上。其中以园艺为主题的约20次。其主要宗旨在于促进世界各国在农业经济、文化、技术方面的交流与发展。参展国借此良机，向世界展示自己，展示交流最新的技术成果，促进协作，提高国际声望。从历届园艺博览会来看，其形式与内容可分为3种类型：一是按博览会会场的统一规划展出花卉及绿色植物；二是参展国家（地区）提供花卉及绿色植物；三是为表达展会主题而使用的花卉同景点设计相结合。

1984年在英国利物浦召开了国际庭园博览会，并决定每10年举行一次。1990年在日本大阪举行了“花与绿国际博览会”，主题是“自然・科学”，“都市・环境”，“生活・未来”。中国于1999年在昆明举办世界园艺博览会，主题是“人与自然——迈向21世纪”。而国内的综合性花展是从20世纪80年代后期发展起来。第一届中国花卉博览会于1987年在北京举办，第一届中国国际园林花卉博览会于1997年在大连举办。几乎每年都有类似展会在各地举办，展示布置形式与花卉新品种日益丰富。

（2）专题展览。花卉专题展览的规模不及综合性展览，但内容极其丰富，常用来庆贺节日，组织机构大到全国各城市，规模小的有公园或风景区主办的，乃至一个街道举办的街头花展，常用做专业性展览的花卉有：菊、兰、梅花、茶花、杜鹃、月季、牡丹、郁金香等。早春以梅花、山茶、蜡梅为主题，盛春有杜鹃、牡丹、兰花、郁金香展，夏季有荷花展，金秋有菊花、桂花展，严冬则有水仙花展。确是年年有花事，季季花不同。以菊花为例，我国具有悠久的赏菊历史，经多年的培育和广泛的栽培，品种极其丰富，其花形、花瓣、花色千变万化，具有极高的观赏价值。

菊花可地栽、盆栽，可布置花坛、花廊，可以绑扎造型排字组画，以多种形式布置菊花展览。在我国，全国性菊展每三年举办一次，不少城市、公园、街道则年年举办，历久不衰，金秋赏菊在我国已成为一年一度的传统赏花盛事。

### 2. 花展的基本布局与布置形式

一般花卉展览的环境，不论展出规模的大小，市内或露天，多安排在风景优美的地方，如植物园、公园等。展出布置的总体规划首先要根据花展的主题内容和规模来确定。在展会内容、规模、场地明确后，根据花卉的数量、展出地点和范围，进行布局和设计。珍贵的盆栽如兰花、菊、盆景、桩景、插花、热带花卉等，宜于室内展览，或搭建荫棚、游廊，一般其规模不宜过大。温暖季节可充分利用敞廊、棚架及凉亭作为展览陈列地点，冬季室内要通风良好、光线充足，室外布置花卉，要注意与周围景物相协调，突出花展特色和节日气氛。地栽可作花坛、花海、花丛，盆栽可组成标语、图案、主体花市等。

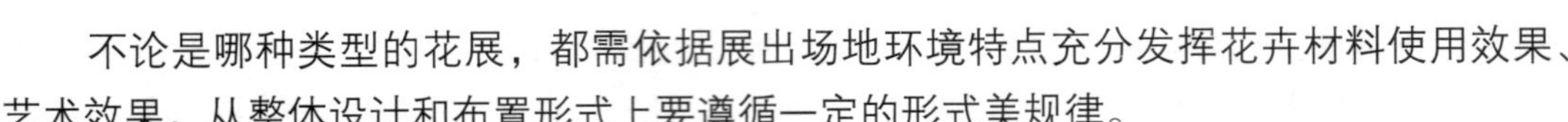

不论是哪种类型的花展，都需依据展出场地环境特点充分发挥花卉材料使用效果、艺术效果。从整体设计和布置形式上要遵循一定的形式美规律。

（1）整体布局原则。

1）主题突出。展会一般都有表现主题，而主题花展则常以一种或几种花卉为主体，烘托花展气氛。布置中应突出主题特征，将一些历史文化背景融于花展的设计中，创造出外在花景美和内涵深刻的多层次景观境界。

展会入口及中心区域是人们视线的焦点处，通常以花卉造景来点出主题，常采用立体花坛、大型拱门、景墙，配以盆栽陈列花海、花境、花丛等体现热烈气氛，造景形成点、线、面的结合，通过点景深化展现主题内涵。如昆明园博会的主题为“人与自然——迈向21世纪”，进入现场，迎面映入眼帘的是“世纪花钟”斜面花坛，入场后60米宽的花园大道，以草坪、花卉组成五彩缤纷的花柱、花海、花廊。五棵“花柱”象征五大洲的繁荣昌盛，共同携手迈向21世纪，点明了主题。

2）景点设置有序。在园林布局艺术中，景点布局与游览路线的安排极为重要，花卉展览也是如此。大型综合展览常涉及室内、室外两部分。设计时根据现场情况及游人的心理，安排合理路线，在重点处设置花卉景点，沿线以花坛、花丛、花带、花境、摆设盆花、悬吊花篮布置，将沿线景点有机串连，形成步移景异的动态观赏效果。

3）特色鲜明。展会中，展区的布局和景点应各具特色，譬如，以不同地域分隔展区，布置景点，以显示地方特色与风情。而室内和室外展区表现的风格也不相同，室内常布局插花展、盆景展、雅石和奇特珍贵花卉，室外则充分展示花卉群体和色彩美。

4）植物造景为主。要注意运用园林艺术手法体现植物造景特色，形成色彩鲜明调和、构图完美的花卉景观特色。

（2）布置形式。花卉展览会中，无论室内或室外，常用的花卉布置形式有以下3种：

1）摆设盆花（盆景、插花等）。花卉展览会中，特别是室内布置中摆设盆花，一般用于各种品种介绍或评选用花，便于单独观赏和品评。陈列布置时，要求较高的艺术性。例如，专类花卉展出，按花卉品种布置；按不同技术、不同栽培类型，如立菊、悬崖菊、独本菊等；或按品种特点，如名贵品种、新品种等陈列；也有以展品的不同类型，如盆花、插花及盆景等分别陈列的。某些展览精品，在展出时可选择质地较好的紫砂、陶瓷、釉盆、塑料盆进行换盆或套盆。盆与花的比例适中，质地与花和谐统一。同时还要选配精致、美观、轻巧、色泽和谐、形式统一，具有相应特色的几架和盆座来更好地陪衬花卉。盆的几座、几架形式多样，根据展览的风格，可选用红木，防红木成白色的积木块。盆和几架主要是起陪衬花卉的作用，因此在色彩、图纹等方面均不宜喧宾夺主。室外的盆花摆设常安排在入口、主会场游览线路中，以增强会场热烈气氛，布置成花坛、花带、花境等形式，体现群体的造型美。

2）设置花坛。在展览会，室内、室外均采用花卉植物或盆花与山石、雕塑等配置成各种规则或自然类型的花坛、花境。室内因面积效应精致布置，室外面积较大宜采用大色块的布置形式。花坛色块图案组合成既相互隔离，又互相联系的花的海洋。

3）设置园林景点。在展会布置中，各参展单位常在室外或室内设置景点，形成观赏主景游览高潮，利用花卉植物栽植布置或绑扎成空间发展的各种造型，如动物、人物、时钟、物体等立体造型，与雕塑、建筑、喷泉、山石、塑石等组景成园林景点。

用花卉创作出具有一定艺术价值的造型，不仅可以开阔人的视野，而且使花卉的艺术表现形式得到升华。这正是花卉造型艺术能跻身于千姿百态的造型艺术行列且独树一帜的原因。

室内的布置常采用造景艺术中的框景手法，借助室内的灯光，配饰图片、画布等背景。用花卉材料和山、石、水等建筑小品、雕塑合理配置，创造一些室内小景，也能收到较好效果。如南京玄武湖公园展览布置中，用“黛玉葬花”的场景来展现历史名作《红楼梦》；浦东世纪公园香港景区，室内展棚内以各种绣球为主的花卉布置，背景采用了香港特别行政区繁华夜景的图片。这些都是室内场景布置的常用手法，融艺术性、知识性于一体的典型实例。

### 3. 花展景点设计与实例分析

花展布置中，各参展单位或主办单位常常通过组织一系列花展景点来达到突出主题、烘托气氛的作用。而这些花卉的布置在园林景区中，主要是通过与建筑、雕塑、喷泉水景、山石、塑石的组景来体现的。

（1）花卉与雕塑、喷泉水景。雕塑在花卉展览会中应用广泛。布景区中有以花岗岩、大理石、混凝土、金属为材料的永久性雕塑，花展布置期间，也常用许多临时性的雕塑，如用玻璃钢、泡沫塑料、石膏或雕塑泥制作的，可分主题型、纪念型、装饰型3类。雕塑的形式要同景点主题一致。

喷泉是供观赏的重要水景，常与水池、雕塑同时设置，起装饰和点缀园景的作用。喷泉或雕塑常设置在轴线上比较醒目的位置，但与花卉组景时，要注意主次分明。若是纪念型、主题型的雕塑，花卉的布置在色彩和图案上不能过于杂乱，装饰型雕塑以小巧、简洁为宜，可以用来点明主题。

如1994年昆明翠湖公园菊花展览中，用木板绘制的单面人物肖像与盆花组成的景点相映生辉（图3—12）。再如第二届中国国际园林花卉博览会中威海市布置的“海魂”景点，以不同色彩的花卉围绕人物雕塑形成浪花形状，主题突出，给人留下深刻的印象（图3—13）。香港的花卉展览会上，将口吐清泉的小动物竖立在色彩缤纷的花坛群中心，白色的雕塑与万花交相辉映，绿色的边缘植物则突出了花坛外轮廓，成为有分有合的群体。

图3—12　花展景点实例1

图3—13　花展景点实例2

（2）花卉与山石、塑石组景。在花展中，假山石和塑石常用来作为主景设置。假山石运用在我国传统园林极为广泛，或堆山或置石。随着科技进步，我国塑山塑石技术快速发展，仿真效果较好。在临时性的花卉展览中可采用泡沫塑料筑山塑石，也可采用钢材或木料做骨架，表面蒙上一层铅丝网，然后涂刷伴有草筋的黄泥，再贴上碧绿的草皮或在铅丝网上用水泥、石粉抹灰刷色进行筑山塑石。永久性的塑石塑山擅长用钢材做骨架，用砖头砌筑造型，然后用水泥、石粉及矿物颜料、墨汁等抹灰刷色。

当花卉与山石组景时，要将各类植物材料，如灌木、花草巧妙配合，才能显现自然气息。如第四届中国花博会上，山东的“水泊梁山”景点用泡沫塑料塑造的大型山体，成功表现了主题。再如首届江苏园艺博览会上，淮阴的景点“悬湖采韵”以塑石为主景，主题鲜明，独树一帜。“悬湖”及洪泽湖，岸边树木配上黄色菊花、水棕竹等，寓意秋意浓浓。

（3）花卉与园林建筑及小品组景。从园林中所展面积来看，建筑无法和其他要素相比，但它却是人为景观的寄寓之所和自然景观的有力烘托。中国园林建筑向来以形式多样、色彩别致、分隔灵活、内涵丰富著称于世，有着鲜明的地方特色。

园林小品指亭廊、雕塑、花架、花池、栏杆、园灯、纪念碑、景门、花窗等设施。除了本身具有观赏使用价值外，主要能增加装饰效果，点缀风景，故应用广泛。

利用花卉与园林建筑组景，彼此能够交相辉映，创造自然景观和人文景观的结合。在许多大型展会上，各地参展的园林景点，常把地方特色的建筑风格以小品的形式浓缩于景点设计中，突出花展的主题。

如1999年昆明园博会上，国际展区荷兰园中，以荷兰风车为主景，背面是在天然山体表面进行塑石处理的大体量塑石山，风车下面主要种植了郁金香等荷兰特色花卉。在合肥市举办的全国菊花品种展览会上，南京“莫愁烟雨”景点，以小品建筑亭廊及莫愁女雕塑为主景，配以石、松、竹、菊等花卉。园博园上海“明珠苑”，以海派园林风格为特色，园内花坛、雕塑、水景、建筑小品都以不同层次的圆形图案布局，寓意东方明珠。花坛以一倾倒的坛子象征流淌出的彩色花河，展现了十足的海派特色（图3—14）。

图3—14　明珠苑

图3—15　花树

（4）以花卉造景为主体的园林景点。以花卉造景为主体的园林景点，在花卉展览中应该是主流方向。选择最新、最美、最鲜艳的花卉布展，显得格外重要。另外一些新技术的运用也是造景成功的要素之一。在景点的立意构思中，选景不是只停留在一个平面上，而是常用一些花卉立体造型来突出主题，配以盆花、花坛、花丛等，形成多层次的观赏效果。主要采用饰场花坛，即以人物、动物、建筑物和其他形象来装饰和加强花坛内涵。以“双龙戏珠”以及长龙与花坛结合的形式较为常见，还有孔雀、鲤鱼、亭子、塔、花柱、花树等。标志花坛，利用花卉组成各种纹样图案或字体，采用立体或半立体方式布置，用来点题。如在昆明园博园中，以红、粉、白、紫四季海棠盆花组成立体花柱，各色矮牵牛、孔雀草等花卉组成的模纹花坛汇成了花的海洋。在苏州虎丘春季花展中，以花树造型为主景（图3—15）。2000年第三届中国国际园林花卉博览会上，北京市的园林景点“龙翔奥运”，以五色草组成的长城和北京市市花菊花组成的黄河、长江，体现了“龙”的精神，金色的秋花、秋果，表现改革开放以来的辉煌成就。

## 实训七　活动花坛的设计与施工

### 一、实训目的

掌握活动花坛设计与施工的基本方法，学生能对节日或日常街头所用的活动花坛进行设计与施工。

### 二、实训材料工具

制图工具数套，活动花钵数个(3～5人/个），常春藤、鸭跖草、金盏菊、四季海棠若干，配比合适的营养土，手套、铁锹、铁铲、石灰粉、洒水壶、卫生清理工具等。

## 三、实训方法与步骤

（1）根据花钵的口径面积，设计花钵的施工平面图。

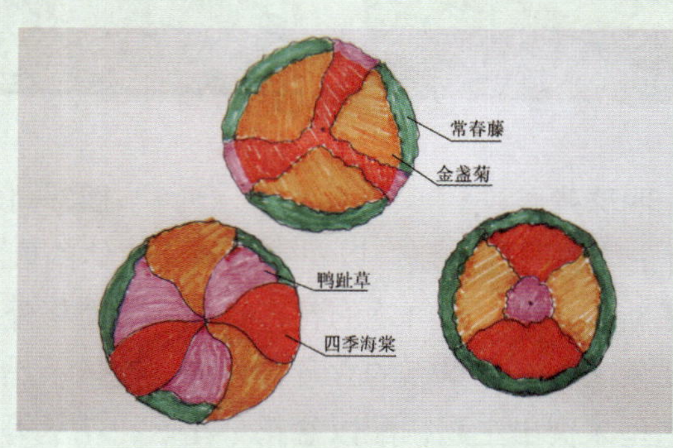


活动花体设计平面图

先用铁锹在花钵中加入配比合适的营养土，要使花钵中的土保持中间高、四周低的馒头状，并轻度压实。

（2）按平面设计图在花钵中用石灰粉打上石灰线，做好施工样图。

（3）用铁铲根据施工样图分别种植不同的花卉。注意施工时，先种植中间的花卉，然后种植四周的花卉，最后种植边缘的花卉；在种植时，要根据根系的深浅调整种植的深度，还要边种植边压实土壤。

（4）所有花卉种植完成后，用洒水壶浇水，喷水力度要轻，不要使花卉倾倒，还要保证第一次要浇透。然后进行卫生清理工作等。

# 实训八　花境的设计与施工

## 一、实训目的

掌握花境设计与施工的基本方法，学生能对常见场所的简易花境进行设计与施工。

## 二、实训材料工具

制图工具数套，活动花钵数个(3～5人/个），马蹄金、荷兰菊、肾蕨、木绣

球、鹅掌柴、常春藤、山茶、桂花若干，配比合适的土壤，有机肥，手套、铁锹、铁铲、铁耙、皮尺（100米）、石灰粉、洒水壶、卫生清理工具等。

## 三、实训方法步骤

（1）首先用铁锹把花境施工种植床中的土壤进行深翻，同时施入基肥，把土壤表面耙平。

（2）根据场地环境，设计花境的施工平面图，勾画出效果图。

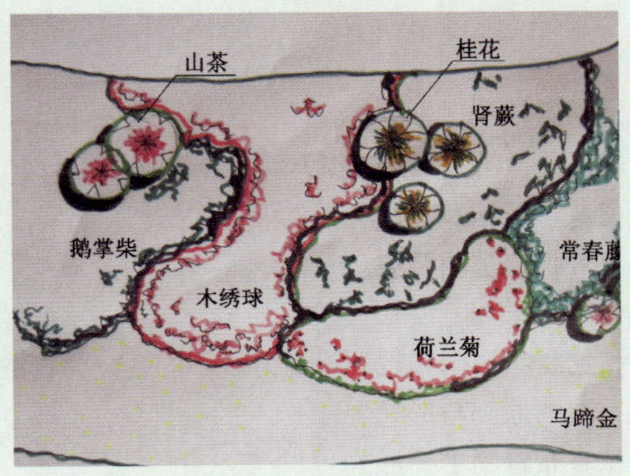


花境配置平面图

花境配置效果图

（3）根据平面图，在花境施工种植床中用皮尺放样，用石灰粉打上石灰样线，做好施工样图。

(4)根据平面图用铁铲栽植不同种类的植物，先从中间开始栽植，依次向外侧栽植，边栽植边注意压实。

(5)所有花卉种植完成后，用洒水壶浇水，喷水力度要轻，不要使花卉倾倒，还要保证第一次要浇透。

(6)最后，进行卫生清理、工具物料等的收放工作。

## 思考与练习

1. 简述花台、花池与花坛的区别。
2. 花坛按表现主题不同，常分哪些类型？花坛依空间位置分，可分为哪些类型？
3. 简述花丛式(盛花)花坛和模纹花坛的设计方法。
4. 简述花坛施工及养护管理的要点。
5. 简述花境的概念。
6. 花境按应用的植物材料不同和规划设计方式不同各分为哪些类型？
7. 试述室外花卉布置的原则与形式。
8. 试述节日街景花卉布置的主要形式。
9. 试述节日街景中立体花坛装饰的主要特点。

# 第四章　花卉专类园设计与应用

### 学习目标

- ◆了解花卉专类园的概念、特点以及类型
- ◆能正确掌握花卉专类园的设计特点和岩石园的施工技能
- ◆能对专类植物和岩生植物进行常规养护管理

## 第一节　花卉专类园的类别与设计要点

### 一、花卉专类园的概念

《中国大百科全书》对专类花园的定义是：以某一种或某一类观赏植物为主体的花园。

也有的书中提到专类花园是以既定的主题为内容的花园，又称专题花园。

专类园是指在一定范围内种植同一类观赏植物供游赏、科学研究或科学普及的园地。有些植物变种品种繁多并有特殊的观赏性或生态习性，宜于集中一园专门展示。其观赏期、栽培条件、技术要求比较接近，管理方便，游人乐于在一处饱览其精华。

专类园在景观上独具特色，能在最佳观赏期集中展现同类植物的观赏特点，给人以美的感受。同时可以进行园艺学、植物学的科普教育和从事观赏植物资源的收集、保存、杂交育种等研究工作。

### 二、花卉专类园概述

最初的专类园，将果蔬、药草等集中种植，既满足实用，又有一定的观赏效果。《楚辞·离骚》中记载，“余既滋兰之九畹兮，又树蕙之百亩”，即是集中栽植佩兰和藿香。魏晋南北朝时的皇家园林邺城内有专门种植桑树的桑梓苑。《水经注·漳水》曰：“漳水又对赵氏临漳宫，宫在桑梓苑，多桑木，故苑有其名。三月三日及始蚕之月，虎帅皇后及夫人采桑于此。”显然不仅为了观赏目的，其本身还为了生产目的，是一种经济行为。唐代长安宫城之北的禁苑中有类似于专类园的梨园、葡萄园，《旧唐书·李适传》记载，“中宗时，春幸梨园，夏宴葡萄园”；另有樱桃专类园芳林园，《旧唐书·中宗本记》记载，“（景龙）四年（710年）夏四月丁亥，上游樱桃园，引中书门下五品以上诸司长官学士等入芳林园尝樱桃”。可见这些专类园除了生产功能外，还确实提供游嬉、宴会及聚会的场所，具备了园林的基本功能。华清宫的苑林区亦即东绣岭和西绣岭北坡之山岳风景地，更是在山麓分布着若干以花卉、果木为主题的园林兼生产用的小型园林，如芙蓉园、粉梅坛、看花台、石榴园、西瓜园、椒园、冬瓜园等（周维权，1999）。唐代杭州西湖的孤山集中栽植梅花，可谓梅园之始。纯粹作为观赏的专类园在唐代已非常普及，如兴庆宫龙池之北偏东堆筑土山，上建沉香亭，周围的土山上遍种红、紫、淡红、纯白诸色牡丹花，表明当时已经有典型的牡丹专类园。兴庆宫苑林区中心面积约1.8平方公里的龙池中种植荷花、菱角、芡实及藻类等水生植物，也已经具备了水生花卉专类园或水景园的性质。王维著名的辋川别业中以植物命名的专类园多达数处，除了竹里馆与辛夷坞以外，还有用木栅栏围起的木兰树林，溪水穿流其间，环境幽邃的木兰柴，生长着繁茂的山茱萸花的茱萸沜，以及种植漆树和椒树的生产型园地漆园和椒园。至宋代艮岳内以花为主题或集中展示某种花卉以供观赏的专类园更是多达数处，如梅池、竹冈、梅冈、万松岭、蟠桃岭、萼绿华堂、桃溪、榴花岩、枇杷岩、芦渚、梅渚、秋香谷、松谷、桐径、百花径、合欢径、竹径、雪香径、海棠屏、蜡梅屏、辛夷坞、橙坞、海棠坞、仙李园、椒崖、柳岸、药寮等。至清代梁梦龙的私家园林梁园更是牡丹、芍药专类园，“……园之牡丹芍药几十亩，每花时云锦布地，香冉冉闻里余，论者疑与古洛中无异”。

在西方园林发展的早期就出现了以蔬菜、药草等实用型植物为主的专类园，并在此基础上发展为以观赏为目的的园林。近代花卉专类园的发展与园艺科学的发展关系密切。18世纪，随着林奈的《植物种志》的发表，大量的花卉被引种到欧洲，新品种花卉的培育也取得了前所未有的成果，集中收集并展示某一类花卉并对其进行植物学、育种、栽培等方面的研究及科普教育成为必要，而这一展示形式自然地发展成为具有园林外观的专类花园，如18世纪英国丘园中布朗建造的杜鹃花谷，19世纪建造的岩石园等。另外，鸢尾园、报春花园、郁金香园、仙人掌及多浆植物园等更是层出不穷。在植物园中，常常有许多专科、专属植物收集区，以园林的形式布置，突出这类植物的观赏特性，也具有专类园的性质，如丁香园、梅园、桂花园、茶花园、棕榈园、松柏园等。

## 三、花卉专类园的类型

随着园林的发展，专类花园所表达的内容越来越丰富，常见的类型概括起来大致可分为以下两类：

### 1. 专类花园

在一个花园中专门收集和展示同一类著名的或具有特色的观赏植物，创造优美的园林环境，构成供游人游览的花园。

把植物分类学上同一属内不同品种的花卉，或者同一个种内不同品种的花卉，按生态习性、花期早晚的不同，以及植株高低和色彩上的差异等进行种植设计组织在同一个园子里。常见的有牡丹园（图4—1）、郁金香园（图4—2）、山茶园、鸢尾园、杜鹃园

（图4—3）、月季园（图4—4）等。

图4—1　牡丹园

图4—2　郁金香园

图4—3　月季园

图4—4　杜鹃园

（1）把同一个科或不同科的花卉种植在同一个园子里，往往是由于这类花卉生态习性具共同点，而栽培管理上又要求较特殊的条件，如对水分、光照等方面有特定的需求。这类专类园常见的有仙人掌多浆植物专类园、水生花卉专类园、岩生或高山植物专类园等。

（2）根据特定的观赏特点布置的主题花园，如芳香园、彩叶园、百花园、观果园等。

（3）主要服务于特定人群或具有特定功能的花园，如以具有特殊质地、形态、气味等花卉布置的盲人花园、儿童花园、墓园等。

（4）按照特定的用途或经济价值将一类花卉布置在一起，如香料植物专类园、药用植物专类园、油料植物专类园等。

## 2. 主题花园

这种专类园多以植物的某一固有特征，如芳香、果实丰硕或植物体本身的性状特点，突出某一主题的花园，如水生花卉专类园、岩生植物园、仙人掌及多浆类植物专类园、香花园等。随着园林的发展，主题花园的类型越来越丰富，可以分为：

（1）植物学上未必有较近亲缘关系，但具有相似的生态习性和形态特征的植物专类园。如岩生植物园、水生花卉园等。

（2）具有特定的观赏特点布置的主题花园，如芳香园、四季花园、百花园、冬园等。

（3）主要服务于特定人群或具有特定功能的花园，如盲人花园、儿童花园、园艺疗法专用花园等。

（4）按照特定的用途或经济价值将同用途花卉布置在一起，如纤维植物专类园、药用植物专类园等。

## 四、花卉专类园的特点及设计要点

### 1. 花卉专类园的特点

专类园的性质决定其具备两个基本特点，即科学的内容和园林的外貌。在进行植物资源的收集、保存、杂交育种等研究工作及展示引种和育种成果并进行科普教育的同时，还常常可以在最佳的观赏期内集中展现同类植物的观赏特点，给人以美的感受。因此，专类花园在景观上独具特色。

建造专类园重在多方搜集特定植物的野生和栽培品种资源。有了丰富的原始材料，通过引种驯化和栽培试验后，将在当地可正常生长发育的种类集中展示。可见，一个专类园是一国一地植物资源、园艺科学及园林艺术的集中表现，游人不仅可以在有限的空间内观赏到大自然的美，而且可以获得丰富的植物学知识。因此，专类园中各种植物的种植必须严格按照定植图，品种准确，编号存档，并常常挂以铭牌，供游客辨识。专类园中主题植物的设计也要遵循一定的科学规律，既便于科学研究，也便于科普宣传和展示。这些都是专类园科学内涵的体现。

### 2. 花卉专类园的设计要点

专类园通常依所收集的植物种类的多少、设计形式不同，建成独立性的专类花园，也可以在风景区或公园里专辟一处，成为一个景点或园中之园。中国的一些专类花园还常常用富有诗情画意的园名点题，来突出赏花意境，如用“曲院风荷”描绘出赏荷的意境。专类花园的整体规划，首先应以植物的生态习性为基础。平面构图可按需要采用规则式、自然式和混合式。立面上根据植物的特点及专类园的性质进行适当的地形改造。

专类园的植物景观设计，要既能突出个体美，又能展现同类植物的群体美；既要把不同花期、不同园艺品种的植物进行合理搭配，以延长观赏期，还可以运用其他植物与之搭配，加以衬托，从而达到四季有景可观。所搭配的植物要视不同主题花卉的特点、文化内涵、赏花习俗等选择适当的种类，并考虑生态因素、景观因素，进行合理的乔、灌、草搭配、常绿植物和落叶植物搭配等，创造丰富的季相景观。

专类园中还常常结合适当的园林小品、建筑、山石、雕塑、壁画以及形式适当的科普宣传栏等，来丰富和完善主题思想，同时引导群众对文化典故、科普知识的了解，提高群众的审美情趣，使专类园真正具有科学的内涵及园林形式，达到可游、可赏的目的。如盛泽湖月季园，在自然驳岸边与园路边道路绿地中，以及棚架周围自然栽植了花色品种各异的月季。

## 第二节　常见专类园的植物运用和实例

### 一、常见专类园中的植物运用

在常见主要专类园中，根据四季变化还可分为春景园、夏景园、秋景园和冬景园，另外，还有特殊用途的芳香园、药园和缀花草地。

#### 1. 春景园中的植物运用

在春景园中，经常见到的是花期在春季的木兰和山茶园、杜鹃园、碧桃和海棠园、牡丹和芍药园等。

（1）木兰和山茶园（花期2—3月）中的植物运用

园中乔、灌、草的常见配置如下：

乔木层：白玉兰（Magnolia denudata）、朱砂玉兰（M.×soulangeana）、广玉兰（M.grandiflora）、厚朴（M.officinalis）、凹叶厚朴（M.biloba）、木莲（Manglietia fordiana）、红花木莲（M.insignis）、杂种鹅掌楸（Liriodendron chinense ×Liriodendron tulipifera）、深山含笑（Michelia moudiae）、醉香含笑（M.macclure）、乐昌含笑（M.tsoi）、山茶（Camellia japonica）、红花油茶（Camellia chekiang oleosa）、厚皮香（Ternstraemiagymnanthera）。

灌木：紫玉兰（Magnolia liliflora）、夜合（M.coco）、含笑（Michelia figo）、茶梅（Camellia sasanqua）。

草本：中国水仙（Narcissus tazetta var.chinensis）、雪钟花（Galanthus nivalis）、雪滴花（Leucojum vernum）。

如图4—5、图4—6所示。

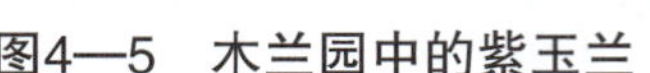
图4—5　木兰园中的紫玉兰

图4—6　山茶园中的山茶

（2）杜鹃园（3—4月）中的植物运用

园中乔、灌、草的常见配置如下：

乔木：赤松（Pinus densiflora）、黑松（P.thunbergii）、马尾松（P.massoniana）、台湾松（P.taiwanensis）、湿地松（P.elliottii）。

灌木：毛白杜鹃（Rhododendron mucronatum）、锦绣杜鹃（Rh.pulchrum）、映山红（Rh.simsii）、满山红（Rh.marriesii）、羊踯躅（Rh.molle）、石岩杜鹃（Rh.obtusum）、杂种杜鹃（Rh.hybrida）、云锦杜鹃（Rh.fortunei）、马银花（Rh.ovatum）、马醉木（Pieris japonica）。

草本：中国水仙（Narcissus tazetta var.chinensis）、雪钟花（Galanthus nivalis）、雪滴花（Leucojum vernum）、紫花地丁（Viola yedoensis）、丛生福禄考（Phlox subulata）。

（3）碧桃和海棠园（花期3—4月）中的植物运用

园中乔、灌、草的常见配置如下：

乔木：白碧桃（Prunus persica cv.Alba Plena）、碧桃（P.persica cv.Duplex）、红碧桃（P.persica cv.Rubra Plena）、绛桃（P.persica cv.Camelliaeflora）、洒金碧桃（P.persica cv.Versicolor）、海棠花（Malus spectbilis）、海棠果（M.prunifolia）、重瓣粉海棠（M.spectabilis cv.Riversii）、垂丝海棠（M.halliana）、木瓜（Chaenomeles sinensis）、樱花（Prunus serrulata）、樱桃（P.pseudocerasus）、东京樱花（P.yedoensis）、日本晚樱（P.lannesiana var.speciosa）、石楠（Photinia serrulata）。

灌木：贴梗海棠（Chaenomeles speciosa）、日本贴梗海棠（Ch.japonica）、木桃（Ch.cathayensis）、迎春（Jasminum nudiflorum）、连翘（Forsythia suspensa）、金钟花（Forsythia viridissima）、榆叶梅（Prunus triloba）、珍珠花（Spiraea thunbergii）。

草本：中国水仙（Narcissus tazetta var.chinensis）、雪钟花（Galanthus nivalis）、雪滴花（Leucojum vernum）、紫花地丁（Viola yedoensis）、丛生福禄考（Phlox subulata）、诸葛菜（Orychophragmus vidaceus）、白头翁（Pulsatilla chinensis）、香雪球（Lobularia maritima）、郁金香（Tulipa gesneriana）。

如图4—7、图4—8所示。

图4—7　碧桃园

图4—8　海棠园

（4）牡丹和芍药园（花期4—5月）中的植物运用

牡丹和芍药园中的植物运用与其他有所区别，因牡丹、芍药均是落叶种类，故在园中增加了一些常绿藤本，以免在其他季节植物景观萧条。

园中乔、灌、藤、草的常见配置如下：

乔木：刺槐（Robinia pseudoacacia）、楸树（Catalpa bungei）、梓树（Catalpa ovata）、紫花泡桐（Paulownia tomentosa）、苦楝（Melia azedarach）、暴马丁香（Syringa reticulata var. mandshurica）、山楂（Crataegus pinnatifida）。

灌木：石榴（Punica granatum）、牡丹（Paeonia suffruticosa）、丰花月季（Floribunda Roses）、玫瑰（Rosa rugosa）、丁香（Syringa oblata）、白丁香（S.oblata var. alba）、羽叶丁香（S.pinnatifolia）、欧丁香（S.valgaris）、棣棠（Kerria japonica）、猬实（Kolkwitzia amabilis）、锦带花（Weigela florida）、溲疏（Deutzia scabra）。

藤本：紫藤（Wisteria sinensis）、木香（Rosa banksiae）、野蔷薇（R.multiflora）、七姐妹（R.multiflora cv.Platyphylla）。

草本：芍药（Paeonia lactiflora）、喇叭水仙（Narcissus pseudonarcissus）、橙黄水仙（N.incomparabilis）、红口水仙（N.poeticus）、三色堇（Viola tricolor）、荷包牡丹（Dicentra spectabilis）、蓝钟花（Scilla nonscripta）、点地梅（Androsace umbellata）、雏菊（Bellis perennis、金盏菊（Calendula officinalis）、紫罗兰（Matthiola incana）、桂竹香（Cheiranthus cheiri）、白三叶（Trifolium repens）、红三叶（T.pratense）。

如图4—9所示。

图4—9 芍药园

## 2. 夏景园中的植物运用

在夏景园中，经常见到的是花期在夏季的鸢尾园、水景园、紫薇和木槿园等。

（1）鸢尾园（花期5—7月）中的植物运用

园中乔、灌、藤、草的常见配置如下：

乔木：合欢（Albizia julibrissin）、毛刺槐（Robinia hispida）、刺槐（R.pseudoacacia）、南京椴（Tilia miqueliana）、糯米椴（Tilia henryana）。

灌木：红瑞木（Cornus alba）、阴绣球（Hydrangea macrophylla）、绣球花（Viburnum macrocephalum）、琼花（V.macrocephalum var.Keteleer）、雪球荚（V.plicatum）、蝴蝶荚（V.plicatum var.tomentosa）、金丝桃（Hypeercium monogyum）、金丝梅（Hypercium patulum）、小紫珠（Callicarpa dichotoma）、胡枝子（Lespedeza bicolor）、凤尾兰（Yucca gloriosa）、粉花绣线菊（Spiraea japonica）。

藤本：金银花（Lonicera japonica）。

草本：鸢尾（Iris tectorum）、马蔺（I.lacteal var.Chinensis）、德国鸢尾（I.germanica）、花菖蒲（I.kaempfer）、黄菖蒲（I.pseudacorus）、蝴蝶花（I.japonica）、溪荪（I.orientalis）、萱草（Hemerocallis fulva）、玉簪（Hosta plantaginea）、常夏石竹（Dianthus plumarius）、须苞石竹（D.barbatus）、费菜（Sedum kamtschaticum）、白穗花（Speirantha gardeni）、虞美人（Papaver rhoeas）、禾叶麦冬（Liriope graminifolia）。

（2）水景园（花期6—8月）中的植物运用

园中乔、灌、藤、草的常见配置如下：

乔木：广玉兰（Magnolia grandiflora）、国槐（Sophora japonica）、栾树

（Koelreuteria paniculata）、复羽叶栾树（K.bipinnata var.integrifolia）。

灌木：夹竹桃（Nerium indicum）、醉鱼草（Buddleja lindleyana）、大叶醉鱼草（B.davidii）、木芙蓉（Hibiscus mutabilis）、金叶莸（Caryopteris grandifolia cv. Aurea）、栀子花（Gardenia jasminoides）、水栀子（Gardenia jasminoides Var. radicans）、金丝桃（Hypeercium monogyum）、金丝梅（Hypercium patulum）、红花木（Loropetalum chinense var. rubrum）。

藤本：凌霄（Campsis grandifolia）、美国凌霄（C.radicans）。

水生草本：荷花（Nelumbo nucifera）、睡莲（Nymphaea tetragona）、墨西哥睡莲（N.maxicana）、白睡莲（N.alba）、红睡莲（N.rubra）、萍蓬草（Nuphar pumilum）、芡实（Euryale ferox）、黄菖蒲（Iris pseudacorus）、千屈菜（Lythrum salliaria）、水葱（Scirpus tabernaemontani）、花叶水葱（S.tabernaemontani var. zebrinnum）、水烛（Typha angustifolia）、香蒲（T.latifolia）。

水生植物配置时，将漂浮植物(水面)、根生沉水植物(水下)和挺水植物(高出水面)配置在同一水域的同一个水区中，不仅物种多样性可增强水生植物群落的生态稳定，维护更为长久丰富的水生植物景观，同时对于水体防止富营养化或重金属污染可起到更大的作用，实现水生植物在生态水景中的重要意义。

陆地草本：半枝莲（Portulaca grandifolia）、石竹（Dianthus chinensis）、大花酢浆草（Oxalis bowieana）、落新妇（Astilbe chinensis）、野棉花（Anemone tomentosa）、金针菜（Hemerocallis citrina）、土麦冬（Liriope spicata）。

如图4—10所示。

**图4—10　水生植物专类园**

（3）紫薇和木槿园（花期7—9月）中的植物运用

园中乔、灌、藤、草的常见配置如下：

乔木：栾树（Koelreuteria paniculata）、复羽叶栾树（K.bipinnata var. integrifolia）、紫薇（Lagerstroemia indica）。

灌木：紫薇（Lagerstroemia indica）、木槿（Hibiscus syriacus）、海州常山（Clerodendrum trichotomum）、多花胡枝子（Lespedeza floribunda）、金叶莸（Caryopteris grandifolia cv. Aurea）、大花水亚木（Hydrangea paniculata cv.Grandiflora）。

藤本：何首乌（Polygnum multiflorum）、鱼花茑萝（Ipomoea lobata）、羽叶茑萝（I.quamoclit）、槭叶茑萝（I.slotri）、牵牛（I.nil）。

草本：垂盆草（Sedum sarmentosum）、半枝莲（Portulaca grandiflora）、凤仙花（Impotiens balsamina）、石蒜（Lycoris radiata）、忽地笑（L.aurea）、换锦花（L.sprengerii）、鹿葱（L.squamigera）、长筒石蒜（L.longiflorum）、石碱花（Saponaria officinalis）。

### 3. 秋景园中的植物运用

在秋景园中，经常见到的是花期在秋季的桂花和菊花园、秋季叶色变化的秋色园等。

（1）桂花和菊花园（花期9—10月）中的植物运用

园中乔、灌、藤、草的常见配置如下：

乔木：桂花（Osmanthus fragrans）。

灌木：糯米条（Abelia chinensis）、金叶莸（Caryopteris incana cv.Aurea）、木本香薷（Elsholtzia stauntonii）、凤尾兰（Yucca gloriosa）。

藤本：山荞麦（Polygonum aubertii）。

草本：菊花（Dendranthema ×grandiflora）、荷兰菊（Aster novi-belgii）、蛇目菊（Coreopsis tinctoria）、大金鸡菊（C.lanceolata）、大花金鸡菊（C.grandiflora）、矮翠菊（Callistephus chinensis cv.Nana）、波斯菊（Cosmos bipinnatus）、硫华菊（Cosmos sulphureus）、野黄菊（Dendranthema indica）、孔雀草（Tagetes patula）、一枝黄花（Solidago canadensis）、红叶三色苋（Amaranthus tricolor var. splendens）、秋雪滴花（Leucojum autamnale）、韭兰（Zephyranthes grandiflora）、乌头（Aconitum carmichaeli）、打破碗碗花（Anemone hupehensis）、秋牡丹（Anemone hupehensis var. japonica）。

（2）秋色园（10—11月）中的植物运用

园中乔、灌、藤、草的常见配置如下：

乔木：枫香（Liquidambar formosana）、乌桕（Sapium sebiferum）、紫叶李（Prunus cerasifera cv. Atropurpurea）、鸡爪槭（Acer palmatum）、红枫（Acer palmatum cv. Atropurpurea）、银杏（Ginkgo biloba）、无患子

（Sapindus mukorossi）、苦楝（Melia azedarach）、紫树（Nyssa sinensis）、水杉（Metasequoia glyptostroboides）、池杉（Taxodium ascendens）、金钱松（Pseudolarix amabilis）、柿树（Diospyros kaki）、丝棉木（Euonymus bungei）、珊瑚树（Viburnum awabuki）、山里红（Crataegus pinatifida var.major）、三角枫（Acer buergerianum）、秀丽槭（Acer elegantulum）、茶条槭（Acra ginnala）、五角枫（Acer mono）、橄榄槭（Acer olovaceum）、毛鸡爪槭（Acer palmatum）、天目槭（Acer sinopurpurascens）、连香树（Cercidifolum japonicum）、黄连木（Pistacia chinensis）、野漆（Toxicodendron succedaneum）、肉花卫矛（Euonymus carnosus）、四照花（Dendrobenthamia japonica var. chinensis）。

灌木：金叶女贞（Ligustrum vicaryi）、紫叶小檗（Berberis thunbergii cv. Atropurpurea）、紫叶桃（Prunus persica cv. Atropurpurea）、金叶山梅花（Philadelphus coronarius cv. Aurea）、金叶接骨木（Sambucus canadensis cv. Aurea）、花叶红瑞木（Cornus alba cv.Variegata）、金叶侧柏（Platycladus orientalis cv. Golden Surprise）、菲白竹（Pleioblastus argenteo-striatus）、红花木（Loropetalum chinense var. rubrum）、麦李（Prunus glandulosa）、山麻秆（Alchornea davidii）、红瑞木（Cornus alba）、棣棠（Kerria japonica）、平枝子（Cotoneaster horizontalis）、石楠（Photinia serrulata）、火棘（Pyracantha fortunei）、紫珠（Callicarpa japonica）、南天竺（Nandina domestica）、枸骨（Ilex cornuta）。

藤本：蛇葡萄（Ampelopsis sinica）、花叶长春蔓（Vinca major cv. Variegata）。

草本：长春花（Catharanthus roseus）、大吴风草（Farfugium japonicum）、葱兰（Zephyranthes candida）、秋牡丹（Anemone hupehensis var.japonica）、红花酢酱草（Oxalis rubra）、假金丝马尾（Ophiopogon jaburan var.argentervittatus）、紫鸭趾草（Setcreasea purpurea）、金叶过路草（Lysimachia spp.）。

如图4—11所示。

图4—11　秋色园

#### 4. 冬景园（松、竹、梅园）中的植物运用

在冬景园中，经常见到的是中国具有传统寓意的松、竹、梅与园中其他植物的配置等。

园中乔、灌、藤、草的常见配置如下：

乔木：黑松（Pinus thunbergii）、赤松（Pinus densiflora）、白皮松（Pinus bungeana）、早园竹（Phyllostachys propinqua）、孝顺竹（Bambusa multiplex）、梅花（Prunus mume）。

灌木：阔叶箬竹（Indocalamus latifolius）、蜡梅（Chimonanthus praecox）、榆叶梅（Prunus triloba）、银芽柳（Salix leucopithacia）、南天竺（Nandina domestica）、菲白竹（Pleioblastus argento-striatus）、菲黄竹（Pleioblastus viridistriata）、桂竹（Phyllostachys bambusoides）、紫竹（Phyllostachys nigra）、斑竹（Phyllostachys bambusoides cv. Tanakae）、黄金间碧玉竹（Phyllostachys var. castilloni）、碧玉间黄金竹（Phyllostachys var. castilloniiversa）、白口莆鸡竹（Phyllostachys dulcis）、毛竹（Phyllostachys pubescens）、花毛竹（Phyllostachys pubescens f. haumozhu）、龟甲竹（Phyllostachys pubescens var.hetrocycla）、金竹（Phyllostachys sulphurea）、筠竹（Phyllostachys glance f.yunzhu）。

藤本：三叶木通（Akebia trifoliata）。

草本：美人蕉（anna grandis）、羽衣甘蓝（rassica oleracea var. acephalea）、吉祥草（Reineckia carnea）。

#### 5. 芳香园中的植物运用

芳香园是利用植物的花、叶、皮等散发的芳香来组成特色园。

园中乔、灌、藤、草的常见配置如下：

乔木：刺槐（obinia pseudoacacia）、桂花（smanthus fragrans）、合欢（Albizia julibrissin）、香樟（Cinnamomum camphora）、月桂（aurus nobilis）、桂香柳（laegnus angustifolia）、暴马丁香（yringa reticulata var. mandshurica）、柑橘（itrus radicans）、梅花（Purnus mume）、中华椴（ilia chinensis）、华东椴（Tilia japonica）、心叶椴（Tilia cordata）。

灌木：夜合（Magnolia coco）、含笑（Mechelia figo）、大花栀子（Gardenia grandiflora）、月季（Rosa chinensis）、丁香（Syringa oblata）、莸（蓝香草）（Caryopteris incana）、木本香薷（Elsholtzia stauntonii）、大叶醉鱼草（Buddleja davidii）、山苍子（Litsea cubeba）、狭叶山胡椒（Lindra angustifolia）、竹叶椒（Zanthoxylum armatum）、花椒（Zanthoxylum bungeanum）、百里香（Thymus mongolicus）。

藤本：金银花（Lonicera japonica）。

草本：薄荷（Menta hophocalyx）、留兰香（Menta spicata）、玉簪（Hosta plantaginea）、地被菊（Dendranthema×grandiflora）。

### 6. 药园中的植物运用

药园是利用植物的花、叶、皮等具有的药用价值来组成特色园。

园中乔、灌、藤、草的常见配置如下：

乔木：厚朴（Magnolia officinalis）、凹叶厚朴（Magnolia bilola）、苦楝（Melia azedarach）、杜仲（Eucommia ulmoides）、银杏（Ginkgo biloba）、红豆杉（Taxus chinensis）、南方红豆杉（Taxus chinensis var. maieri）、三尖杉（Cephalotaxus fortunei）、喜树（Camptotheca acuminata）、女贞（Ligustrum lucidum）、山茱萸（Macrocarpium officinalis）、枫杨（Pterocarya stenoptera）、枫香（Liquidambar formosana）、香椿（Toona sinensis）、桂花（Osmanthus fragrans）、野鸦椿（Euscaphis japonica）、杨梅（Myrica rubra）、梅（Prunus mume）、梓（Catalpa ovata）、楸（Catalpa bungei）、榆（Ulmus pumila）、木瓜（Chaenomeles sinensis）、山楂（Crataegus pinnatifida）、枇杷（Eriobotrya japonica）、槐（Sophora japonica）、紫薇（Lagerstroemia indica）、柿树（Diospyros kaki）、枣树（Zizyphus jujuba var. inermis）。

灌木：粗榧（Cephalotaxus sinensis）、牡丹（Paeonia suffruticosa）、小檗属（Berberis spp.）、十大功劳属（Machonia spp.）、枸杞（Lychnis chinensis）、贴梗海棠（Chaenomeles lagenaria）、木姜子（Litsea pungens）、木芙蓉（Hibiscus mutabilis）、连翘（Forsythia suspensa）、百里香（Thymus mongolicus）、毛冬青（Ilex pubescens）、构骨（Ilex cornuta）、南天竺（Nandina domestica）、羊踯躅（Rhododendron molle）、玫瑰（Rosa rugosa）、枸橘（Poncirus trifoliata）、胡颓子（Elaegnus pungens）、接骨木（Sambucus williamsii）、紫珠（Callicarpa dichotoma）、锦鸡儿（Caragana sinica）、火棘（Pyracantha fortunei）、石楠（Photinia serrulata）、明开夜合（Euonymus bungei）、夹竹桃（Nerium indicum）、迎春（Jasminum nudiflorum）、金丝桃（Hypericum monogynum）、结香（Edgeworthia chrysantha）。

藤本：木通（Akebia quinata）、五味子（Schizandra chinensis）、雷公藤（Tripterygium wilfordii）、昆明山海棠（Tripterygium hypoglaucum）、绞股蓝（Gynostemma pentaphyllum）、栝蒌（Trichosanthes kirillowii）、何首乌（Polygonum multiflorum）、羊乳（Codonopsis lanceolata）、啤酒花（Humulus cylindrica）、丝瓜（Luffa cylindrica）。

草本：麦冬（Liriope spicata）、沿阶草（Ophyopogen japonicum）、玉簪（Hosta plantaginea）、菊花（Dendrathema×grandiflora）、垂盆草（Sedum sarmentosum)、血满草(Sambucus adnata)、鸢尾(Iris tectorum)、马蔺(Iris laeta var. chinensis)、芍药(Paeonia lactiflora)、草芍药(Paeonia obovata)、长春花(Catharanthus roseus)、酢酱草(Oxalis corniculata)、沙参属(Adenophora spp.)、党参属(Codonopsis spp.)、桔梗(Platycodon grandiflorus)、败酱属(Patrina spp.)、柴胡属(Bupleurum spp.)、黄芩(Scutellaria baicalensis)、乌头属(Aconitum spp.)、曼陀罗(Datura stramonium)、淫羊藿属(Epimedium spp.)、薄荷(Menta hophocalyx)、留兰香(Menta spicata)、水仙(Narcissus tazeta var. chinensis)、野菊(Dendranthema indicum)、杭菊(Dendranthema×grandiflorum)、玉竹(Polygonatum odoratum)、黄精(Polygonatum sibiricum)、万年青(Rohdea japonica)、荷花(Nelumbo nucifera)、菱(Trapa bispinosa)、菖蒲(Acorus calamus)、天南星(Arisaema erubescens)。

7. 缀花草地中的植物运用

缀花草地中采用的植物，常由草坪草为主，结合点缀宿根、球根花卉，宿根、球根花卉常见种植方式为条带状或片丛状。

常用草坪草种：结缕草(Zoysia japonica)、马尼拉草(Zoysia matrella)、假俭草(Eremochloa ophiuraides)、狗牙根(Cynodon dactylon)、细叶结缕草(Zoysia tenuifolia)、中华结缕草(Zoysia sinica)。

常用的宿根、球根花卉：中国水仙(Naricissus tazeta var. chinensis)、雪滴花(Leucojum vernum)、雪钟花(Galanthus nivalis)、鸢尾(Iris tectorum)、蝴蝶花(Iris japonica)、点地梅(Androsace umbellata)、紫花地丁(Viola yedoensis)、白头翁(Pulsatilla chinensis)、荷包牡丹(Dicentra spectabilis)、蓝钟花(Scilla nonscripta)、百里香(Thymus mongolicus)、萱草(Hemelocallis fulva)、玉簪(Hosta plantaginea)、芍药(Paeonia lactiflora)、石竹(Dianthus chinensis)、石蒜(Lycoris radiata)、忽地笑(Lycoris aurea)、换锦花(Lycoris sprengerii)、长筒石蒜(Lycoris longiflorum)、鹿葱(Lycoris squamigera)、秋牡丹(Anemone hupehensis var. japonica)、地被菊(Dendranthema×grandiflora)、秋雪滴花(Leucojum automnale)、韭兰(Zephyranthes grandiflora)、葱兰(Zephyranthes candida)、红花酢浆草(Oxalis rubra)、大吴风草(Farfugium japonicum)。

## 二、专类园建设实例——中国洛阳国家牡丹园

中国洛阳国家牡丹园位于洛阳市邙山中沟西，创建于1978年，长期从事牡丹品种收集和繁育工作，1992年原林业部批准建立国家牡丹基因库，同年时任中央政治局常委李长春题名“国色牡丹园”。2003年3月国家林业局批准建立“中国洛阳国家牡丹园”，这

是我国唯一的以国家名义命名的花卉专类园。

洛阳位于暖温带南缘向北亚热带过渡地带，光照充足，属大陆性气候，四季分明，春季干旱，夏热多雨，秋季温和，冬季寒冷，年均气温14.86℃，热量分布因受地貌影响，各地差异较大。黄河、洛河、伊河等河谷地带及其附近的丘陵和缓坡山地，年平均气温12.1～14.5℃，其中西南部山区为低值区，年平均气温12.1～16℃，伊川、宜阳为高值区，年平均气温14.5℃，其余各县在13.8℃以上。全市年平均降水量530～1 100毫米，山地为多雨区，河谷及其附近的丘陵区为少雨区。降雨量自东南向西北递减。洛阳地区年日照2 083～2 246小时，日照率47%～53%，一年中以5—8月最多，月日照一般都在200小时以上。洛阳的这种气候非常适合牡丹花的生长，这也是洛阳牡丹名满天下的原因之一（图4—12）。

全园占地面积700亩，其中牡丹观赏园分南园和北园，面积500亩，育苗200亩，搜集国内牡丹园艺品种100余个，数量5万株。目前，已成为野生牡丹引种驯化、新品种培育和商品牡丹繁殖的国内最大生产基地。

图4—12　洛阳国家牡丹园景色

## 第三节　岩石园的设计与施工

### 一、岩石园的概念

岩石园是以岩石及岩生植物为主，可结合地形选择适当的沼生和水生植物，展示高山草甸、牧场、碎石陡坡、峰峦溪流等自然景观和植物群落的一种装饰性绿地。

### 二、岩石园概述

18世纪末欧洲兴起了引种高山植物，一些植物园中开辟了高山植物区，成为现在岩石园的前身。英国爱丁堡皇家植物园于1860年在国内东南部首先建立了一个岩石园，历经100余年的改建及不断完善，至今占地1公顷，其规模、地形、景观在世界上最为

有名。当岩石园在一些欧美国家得到发展的同时，一些围绕高山植物及岩石园的学术团体也纷纷成立，如澳大利亚的塔斯马尼亚高山植物园学会（The Alpine Garden Socity Tasmania）、英国的高山植物园学会（The Alpine Garden）、苏格兰岩石园俱乐部（The Scottish Rock Garden Club）、加拿大的英联邦哥伦比亚高山植物俱乐部（The Alpine Club of British Columbia）、丹麦的高山植物园学会、美国的岩石园学会（The American Rock Garden Socity）。

20世纪30年代我国在庐山植物园，由陈封怀先生创建了一个岩石园。其设计思想为：利用原有地形，模仿自然，依山叠石，做到花中有石、石中有花、花石相夹难分；沿坡起伏，垒垒石垛，丘壑成趣，远眺可显出万紫千红、花团锦簇，近视则怪石峰峡，参差连接形成绝妙的高山植物景观，园内有石竹科、报春花科、龙胆科、十字花科等高山植物约236种。

岩石园在欧美各国常以专类园出现，规模大的可占地1公顷左右，如英国爱丁堡皇家植物园内的岩石园即是，小者常在公园中专辟岩石园区。目前很多私人小花园兴起建造微型岩石园，和面积较小的私人花园相协调。岩生植物多半花色绚丽，体量小，易为人们偏爱。为模拟自然高山景观需要，园艺家们精心培育出一大批各种低矮、匍生，具有高山植物体形的栽培变种，甚至高逾数十米至百米的世界爷、雪松、云杉、冷杉、铁杉都被培育成匍地类型。

## 三、岩石园的类型

在岩石园发展过程中具有多种类型。作为园的外貌出现，其风格有自然式和规则式，还有墙园式及容器式。结合温室植物展览，还专辟有高山植物展览室（Alpine House）

### 1. 自然式岩石园

以展示高山的地形及植物景观为主，模拟自然山地、峡谷、溪流等自然地貌形成景观丰富的自然山水面貌和植物群落。一般面积较大，植物种类也丰富。

### 2. 规则式岩石园

结合建筑角隅、街道两旁及土山的一面做成一层或多层的台地，在规则式的种植床上种植高山植物。这类岩石园地形简单，以展示植物为主，一般规模较小。

### 3. 墙园式岩石园

这是一类特殊的展示岩生花卉景观的形式（图4—13）。常利用园林中各种挡土墙及分离空间的墙面，或者特意构筑墙垣，在墙的岩石缝隙种植各种岩生植物从而形成墙园。一般形式灵活，景色美丽。

### 4. 容器式微型岩石园

采用石槽及各种废弃的水槽、木槽、石碗等容器，种植岩生植物并用各种砾石相

配，布置于岩石园或庭园的趣味式栽植，再现大自然之部分景观（图4—14）。

图4—13　墙园式岩石园

图4—14　容器式微型岩石园

### 5. 高山植物展览室

暖地在温室中利用人工降温（或夏季降温）创造适宜条件展示高山植物，是专类植物展览室。通常也结合岩石的搭配，模拟自然山地景观。

## 四、岩石园的设计与施工

### 1. 自然式岩石园

（1）选址。与周围的环境相协调，自然式岩石园应布置于自然式园林环境中。位置要选在向阳、开阔、空气疏通之处，坡地最为理想。如果园址平坦缺乏地形变化，岩石园的上风方向最好有茂密的树林作为背景，但树林不能离岩石园太近，一方面不会对岩石园造成遮阴，另一方面避免与岩石园景观不协调。小型岩石园或岩石角宜以建筑或其他构筑物为背景，且背风向阳。

（2）地形地貌设计。自然式岩石园要有丰富的地形。应模拟自然，有隆起的山峰、山脊、支脉及下凹的山谷、碎石坡和干涸的河床，孤置、散置和组合布置的山石，疏密有致，高低错落。结合空间分隔、道路及广场等，将墙园、自然式的花台等合理地组织在岩石园中。

流水是岩石园中最令人愉悦的景观之一，曲折蜿蜒的溪流以及池塘、跌水、瀑布和岩石结合使其有声响，并给湿生及水生植物提供栽培条件，从而使景观丰富而生动。在地下水位较低的地方，还可以设计下沉式岩石园，即模拟山谷的景观，并结合溪流、池塘等水景增加空气湿度，给植物生长创造有利的小气候环境，同时丰富景观。故自然式岩石园如若选择有自然泉水、溪流的地方则更佳（图4—15）。

水景设计

地形地貌设计

设计实例（一）

设计实例（二）

图4—15　岩石园地形地貌设计

（3）道路设计。自然式岩石园中的游览小径宜设计成曲折多变的自然路线，台阶、蹬道与铺设平坦的石块或碎石、卵石的小径相结合，小路及蹬道、台阶的边缘和缝隙间点缀花卉，更具自然野趣（图4—16）。为了在景观上造成较强烈的山势，地势平坦之处建立岩石园可挖掘下沉式道路，使路面下降、栽植床垫高，从而在景观上造成强烈的山势效果。

图4—16　岩石园中的园路

（4）植物种植床及种植穴。在设计地形地貌和道路时，首先考虑种植床的位置、大小、朝向及高低，然后用山石镶嵌出边缘，种植床要避免大小一样、等高等距，要力求自然，床内也可散置山石，与环境协调。有些地方虽然只是零星点缀植物，但施工时需预留种植穴并填充栽培土壤（图4—17）。

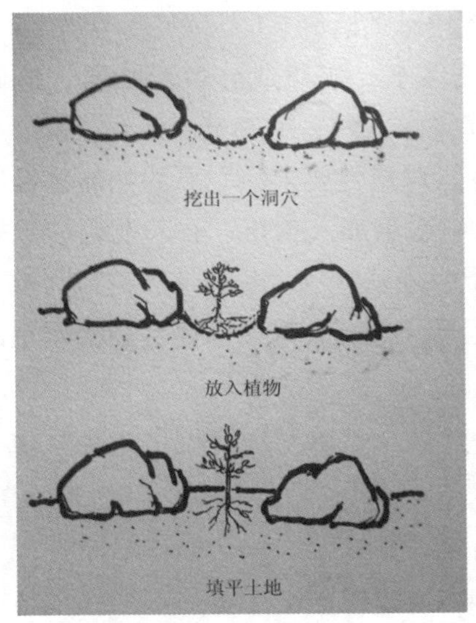


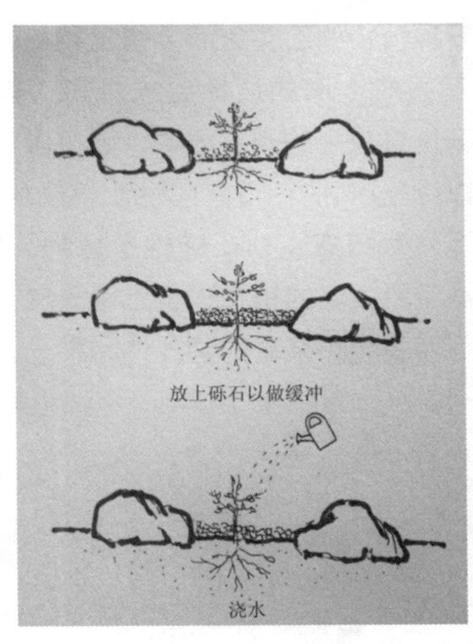


**图4—17　植物种植过程**

（5）植物配置。再现高山植物群落及高山景观是岩石园植物配置的基本原则。在了解各类岩石生物生理生态适应性的基础上，根据当地的气候特点及岩石园的立地条件，针对岩石园的风格，或幽谷溪涧、柔美绚丽或峰峦叠嶂、雄伟豪迈，来选择植物种类和配置方式，合理搭配常绿、落叶之比例，充分考虑季相变化，通过灌木、多年生花卉、地被植物等合理配置，组成优美的群落，也可以与山石、蹬道、台阶、道路及挡土墙等结合，植物或成自然的群落栽植于种植床内，或匍匐于阶旁，下垂于墙前。总之，山石和植物搭配疏密有致，参差错落，顺理成章。

我国有丰富的高山植物资源，报春、龙胆、绿绒蒿及杜鹃花等著名的高山花卉均以我国为分布中心。由于不同的生境条件有耐寒、耐旱的种类，也有喜温暖湿润的种类，有耐盐碱土，也有喜酸性土壤的种类。各地在建岩石园时应充分开发和利用本地的资源，以气候相似原理为指导，引种驯化适宜的高山植物。当然，高山花卉的引种驯化毕竟需要一个漫长的过程，因此，建园之初可以大量应用形态上类似的栽培植物形成较好的景观效果。此后再逐步将引种驯化成功的高山植物补充进来。

（6）岩石园建造时要注意的问题。岩石园的建造包括地形整理、埋设岩石以及改良土壤和植物种植等环节。岩石本身是岩石园的重要欣赏对象，因此，构筑和置石合理极为重要。构筑山石应先布置最大的和景观最好的石头，然后再根据大小布置其余。岩石块的

摆置方向应趋于一致，才符合自然界地层外貌，还要考虑岩石的朝向、纹理的一致及基部的处理。岩石块至少埋入土中1/3～1/2深，要将最自然美丽的部分露出土面。埋设石头时应向后倾斜从而让雨水流进来并避免雨水、灌溉水及栽培土壤的流失。下层的土壤要先夯实，然后放一层卵石及不同的废石块，再把岩石放在上面。石头应埋稳固，避免以后下沉。需要种植物的石头之间要留出种植穴，填充栽培基质。

岩石园对土壤的质地要求较高，既排水好又保水，矿质成分多、肥沃且酸碱度适宜。在石灰岩为主的岩石园中，因为含钙多，要考虑填入较多的苔藓、泥炭、腐叶土等混合土，以降低pH值，适宜酸性土植物的要求。有些对酸性要求特别高的如岩生杜鹃等，要做出泥炭栽植床。对于碱性土植物，要在土壤中适量加入骨粉、石灰及粗砂砾等。总之，根据所要栽培的植物进行土壤改良，给植物提供最适宜的生长条件。建园之前，应结合除草剂彻底清除杂草的营养体和种子，否则一旦园子建成，除杂草将会成为繁重的工作（图4—18）。

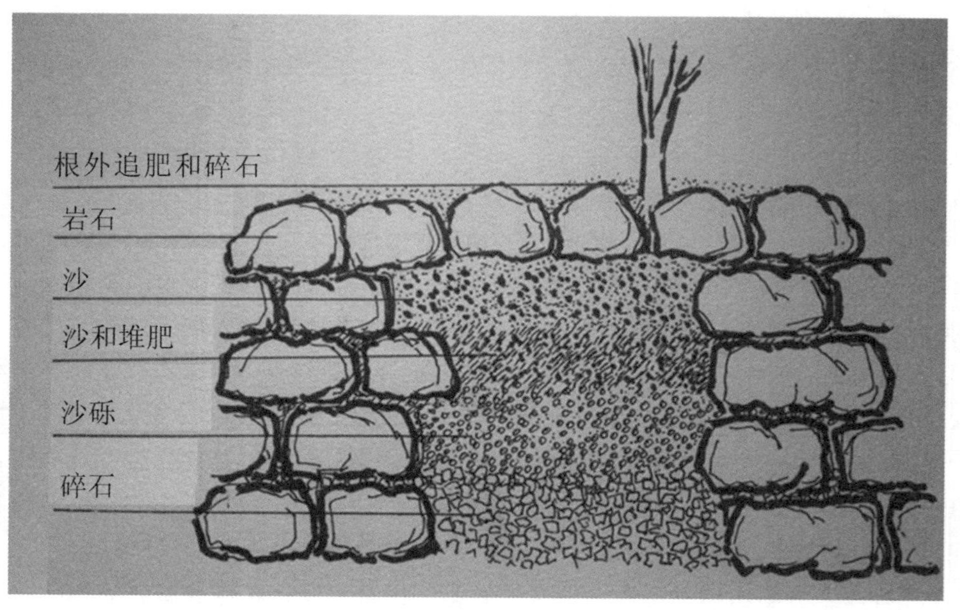


**图4—18　改良土壤内部结构**

岩石园中的栽植床要注意排水。基质下面要有一定厚度的砾石、碎石等排水良好的物质及排水管。植物种植后用腐叶土或碎片覆盖，既避免地面裸露，又可减少土壤水分蒸发。之后充分浇水，促使植物尽快扎根。

岩石园中的游览小径应设计成柔和曲折的自然线路，小径上可铺设平坦的石块或铺路石碎片。在小径的边缘和石块间种植低矮植物，故意让游客不按习惯走路，而需小心翼翼避开植物踩到石面上，使游赏更具自然野趣。同时也让游客感到岩石园中除了岩石及其阴影外，到处布置植物，让园中充满生机。

### 2. 规则式岩石园

从岩石园的整体上看，规则式岩石园根据位置不同而分为规则式岩床、单面或多面观规则上升的台地式或山丘式岩石园。岩石园的基础，从地面向下挖20～30厘米，放入园土，再安置上大块岩石。要使基础坚实而稳定，岩石园的内部，以瓦片和砾石为材料，表层以园土和沙为主要材料，间隔安置些大的岩石，埋在园土和沙石之间。岩石之间的组合以便于排水且适于植物根系伸展为原则。从岩石园的整体上看，岩石布置宜高低错落、疏密有致，岩块的大小组合与植物搭配相宜，还可以通过匍匐性植物种植于栽植床边缘打破生硬和呆板的线条。

### 3. 墙园式岩石园

墙园式岩石园有高墙和矮墙两种。高墙需做40厘米深的基础，而矮墙则在地面直接垒起。要把岩石堆置成钵状，在石墙的顶部及侧面都能栽植植物，而植物的根部都向着墙的中心方向，侧面还可栽植下垂及匍匐生长的植物。建造墙园式岩石园，石块插入土壤固定，要由外向内稍朝下倾斜，以便承接雨水，使岩石缝里保持足够的水分供植物生长，石块之间的缝隙不宜过大，并用肥土填实，竖直方向的缝隙要错开，不能直上直下，以免土壤冲刷及墙面不坚固。石料以薄片状的石灰岩较为理想，既能提供岩生植物较多的生长缝隙，又有理想的色彩效果，如图4—19所示。

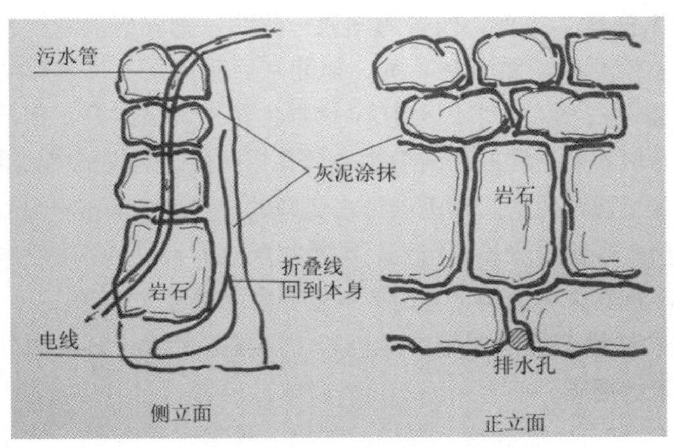


**图4—19　墙式岩石园的结构**

### 4. 容器式微型岩石园

一些家庭中常趣味性地采用石槽或各种废弃的动物食槽、水槽，各种小水钵石碗、陶瓷容器进行种植。种植前必须在容器底部凿几个排水孔，然后用碎砖、碎石铺在底层以利排水，上面再填入生长所需的肥土，种上岩生植物。这种种植方式便于管理和欣赏，可到处布置。如2009年泰州花博会中散落于路边的岩石园，运用不同的草本及松类植物镶嵌于形态各异的岩石中，如八角金盘、一品红、吊竹梅、黑松等。

## 第四节　岩石园的植物运用与实例

### 一、岩石园中植物的运用

岩生植物应选择植株低矮、生长缓慢、节间短，叶小、开花繁茂和色彩绚丽的种类。一般来讲，木本植物的选择主要取决于高度，多年生花卉应尽量选用小球茎和小型宿根花卉，低矮的一年生草本花卉常用做临时性材料，是填充被遗漏的石隙最理想的材料。日常养护中要控制生长茁壮的种类。

植物配植要模拟高山植物景观。一般高山上温度低、风速大、空气湿度大、植物生长期短，乔木长不起来，只有灌丛草甸或高山五花草甸。从宏观的高山植物景观来看，有些灌丛作为优势种极为突出者，如长白山自然保护区2 000米以上有大片苞叶杜鹃，高度仅10厘米左右，平铺地面，花时一片粉红色，也有成片的毛毡杜鹃和黄色的牛皮杜鹃。这种成片的优势种形成的色块非常壮观。但有些高山灌丛除有优势种外，还有大量其他种类，如青海3 600米的山头上，虽然开紫花的毛肋杜鹃占优势，但也有很多蔷薇属、绣线菊属、金老梅、银老梅的灌木，还有绿绒蒿、葱属等草本花卉。同样，在高山五花草甸上有优势种极为突出的草本花卉，如青海湖边一片红色的马先蒿或一片蓝紫色的葱属植物，但也有各种花卉竞相争艳的五色草甸，如北京百花山顶七月份有40多种高山花卉在一处同时盛开，新疆的白杨沟山坡上有10余种野生花卉满坡盛开。但从微观的植物景观来看，不同的生态环境长着不同的高山植物，具有相同生态习性的高山植物长在一处，有喜阳的、耐阴的、喜潮湿沼泽的、喜潮湿排水良好的，等等。有时一处缝隙中长着好几种高山植物。这些自然景观都是我们进行岩石园植物配植时良好的素材和样本。每一丛种类的多少及面积的大小视岩大小而异，同时要兼顾色彩上的视觉效果。

众多的高山植物在岩石园的配植中除色彩、线条等景观设计要求外，主要需满足其对光照及土壤湿度上的要求。

喜光的种类：砂地柏、匍地柏、翠柏、球桧、松属、蔷薇属、栒子属、金老梅属、瑞香属、尧花属、金丝桃属、地榆属、老鹳草属、金莲花属，庭荠属、碎米荠属、百合属、屈曲花属、景天属、乌头属、银莲花属、毛茛属、蚤缀属、卷耳属、石竹属、点地梅属、紫菀属、菊属、风毛菊属、蓍属、龙胆属、珍珠菜属、水苦荬属、黄芪属、蓼属等植物。

耐阴的高山植物：倭紫杉、粗榧、绣线菊属、忍冬属、荚迷属、小壁属、十大功劳属、黄杨属、卫矛属、野扇花属、蔓长春花、络石、珍珠莲、六月雪、虎刺、杜茎山、紫金牛、百两金、水栀子、报春属、马蓝属、沙参属、桔梗、落新妇属、升麻属、石蒜属、酢酱草属、舞鹤草、鹿蹄草属、铃兰等。

喜阴湿的除蕨类、苔藓类外，还有秋海棠属、虎耳草属、冷水花属、赤车属、堇菜属、天南星属、凤仙花属、紫堇属、半朔苣苔属、旋朔苣苔属、佛肚苣苔属、唇柱苣苔属、八角莲属、七瓣莲属、细辛属等。

岩石园中除将岩生植物配植在合适的位置外，为控制植物种类，还在很多坡面上植成草坪。为进一步具有自然外貌，在草坪上可配植各种宿根、球根花卉，模拟自然的高山草甸。

现列举我国长白山自然保护区、新疆天山冰大版、白杨沟及北京百花山部分高山植物以及英国爱丁堡皇家植物园岩石园中的部分植物种类，供我国园林工作者今后选择岩石植物时参考。较常见到的高山植物有：

西伯利亚柏（juniperus sibirica）、偃松（Pinus pumila）、高山桑（ycopodium alpinum）、中华石松（Lycopodium chinense）、石松（ycopodium clavatum）、扇形阴地蕨(Botrychium lunaria）、岩蕨（Woodsia ilvensis）、长圆叶柳（Salixoblongifolia）、多腺柳（Salix poliadenia）、圆叶柳（Salix rotundifolia）、倒根蓼（Polygo－num bistorta）、珠芽蓼（Polygonum viviparum）、白山蓼（Poly－gonum laxmanii）、高山卷耳（Cerastium furcatum）、头石竹（Dianthus barbatus var. asiatica）、高山石竹（Dianthus chinensis var.morii）、高山瞿麦（Dianthus superbus var.speciosus）、长白米努草（Minuartia macrocarpa var.Koreana）、高山乌头（Aconitum monath－um）、白山毛茛（Ranunculus japonica var.monticola）、北毛茛、（anunculus borealis）、长白耧斗菜（Aquilegia japonica)、山地金莲花（Trollius japonicus）、高山罂粟（Papaverpseudoradicatum）、天池碎米荠（Cardamine resrdifolia var.morii）、高山长白景天（Rhodiola sachalinensis f.alpina）、高山南芥（Arabis coronata）、梅花草（Parnassiapalustris var. multiseta）、白山金腰子（Chrysosplenium baitoshamicum）、长白虎耳草（Saxifraga laciniata）、珠芽景天（Sedumviviparum）、斑点虎耳草（Saxifraga punetata）、斑瓣虎耳草（Saxifraga takedana）、金老梅（Dasiphorafruticosa）、长白棘豆（Oxytropis anertii）、宽叶仙女木（Dryas octopetala var.asiatica）、假雪委陵菜（Potentillaniveavar. camstschatica）、越橘（Vaccinium vitisidaea）、Ⅲ 扑梗（Faccinium uliginosum）、大白花地榆（Sanguisorba sitchensis）、高山野豌豆（Vicia venosa var.alpina）、长白老鹳草（Geranium paishanesis var.alpinum）、毛蕊老鹳草（Geranium eriostemum）、双花堇菜（Viola biflora）、松毛翠（Phyllodoce caerulea）、牛皮杜鹃（Rhododendron chrysanthum）、毛毡杜鹃（Rhododendron confertissimum）、小叶杜鹃（Rhododendron parvifolium）、苞叶杜鹃（Rhododendron redowskianum）、本氏点地梅（Androsace bungeana）、苹票海（rimula farinosa）、高山龙胆（Gentianaalgida）、白山龙朋（Gentiana jamesii）、蓍草（Achillea sibirica）、高

山山萝花（Melampyrumroseum var.alpinu）、北马先蒿（Pedicularis mdshurica）、轮叶马先蒿（Pedicularis erticilldta）、长白婆婆纳（Veronica stelleri）、聚花风铃草（Campanula glomerata）、翼茎香青（Anaphalis pterocaulon）、毛山菊（Dendranthemum zawadskii var. alpinum）、单花蕣吾（Ligularia jamesii)、齿翼橐吾（Ligularia deltoides）、宽叶山柳菊（Hieracium coreanum）、高山风毛菊 （Saussurea alpina）、山葱（Allium senescens）、白头风毛菊 （Saussurea triangulata var. alpina）、长白千里光（Senecio phoeanthus）、长白岩菖蒲（Tofieldia nutans）、高山一枝黄花 （Solidago virgaaurea ssp.leiocarp）、斑花捉构兰（Cyperipedium guttatum）、溪荪（Iris nertschinskiana）。

新疆天山冰大版、白杨沟、天池部分高山植物：蓝花葱（Allium caelureum）、山糙苏（Phiomis areophila）、草原老鹳草（Geranium pratense）、土三七（Sedum uizoon）、天山海罂粟 （Glaucium elegans）、新疆远志（Polygala hybrida）、天山党参（Codonopsis clematidea）、垂花青兰（Dracocephalum nutans）、小山菊 （Dendranthema oreastrum）、火绒草（Leontopodium leontopodoides）、无髭毛建草（Dracocephalum imberba）、高山委陵菜（Potentila gerida）、裸茎金腰子（Chrysasplenium nudicaule）、珍珠虎耳草（Saxifraga cernua）、双脊荠（Dilophia fontana）、毛虎耳草（Saxifraga tirculus）、高山紫莞（Aster alpinum）、灰毛罂粟（Papaver canescens ）、尖叶齐果荠（Parrya beketovi）、高山黄芪（Astrasalus alpinus）、蓬子菜（Galium verum）、小瓣女娄菜（Melandrium apelalum）、北拉拉藤（Galium boleale）、叶马先蒿（Pedicularis cheilanthifolia）、长叶婆婆纳（Veronica longifolia）、天山羽衣草（Alchemilla tianschanica）、丘陵老鹳草（Geranium collinum）、假报春（Cortusa matihiola）、 准葛尔金莲花（Trollius dschungaricus）、阿尔泰老鹳草（Geranium affine）、圆叶鹿蹄草（Pylora rotundolia）、百里香（Thymus mongolicus）、橙黄飞蓬（Erigeron aurantiacus)。

北京和河北省交界的百花山上高山植物：金莲花（Trollius chinensis）、黄花（Hemerocallis miner）、拳参（Polygonum bistatum）、小丛红景天（Rhodiola dumulosa）、糖芥(Erysimum auratiacum）、灯心草蚤缀(Arenaria juncea）、银露梅（Dasiphora davurica）、狼尾花（Lysimachia barystachya)、蓍草（Achillea sibirica)、金丝蝴蝶（Hypericum ascyron）、长梗葱（Alliumneriniflorum）、蓝花棘豆（Oxytropis coerulea)、山野豌豆（Vicia amoena）、附地菜(Trigonotis peduncularis）、橐吾（Ligulariasibirica)、翠菊（Callistephus chinensis）、柳兰（Chamaenerion angustifolium）、蓝刺头（Echinops laizfolius）、紫莞（Aster tataricus）、紫花野菊（Dendranthema zawadskii ssp.latifolium）、桔梗（Platycodon grandiflorum）、展枝沙参（Adenophora divaricata）、沙参

（Adenophora elata）、大花蓝盆花（Scabiosa superba）、缬草（Valeriana officinalis）、华北蓝盆花（Scabiosa tschiliensis)、角蒿（Incarvillea sinensis）、异叶败酱（Patrinia het－erophylla）、细叶婆婆纳（Veronica linariifolia）、短茎马先蒿（Pedicularis artslaeri）、返顾马先蒿（Pedicularis spicata）、穗花马先蒿（Pedicularis resupinata）、红纹马先蒿（Pedicunaris striata）、中国马先蒿（Pedicunaris chinensis）、百里香（Thymus rzewalskii）、香青兰（Dracocephalum moldavica）、岩青兰（Dracoceph－alum rupestre）、花锚（Halenia corni）、扁蕾（Gentianopsis barbata）、笔龙胆（Gentiana zellingeri)、小龙胆（Gentiana squarrosa）、假水龙胆（Gentiana pseudoaquatica）、七瓣莲（Trientaliseuropaea）、胭脂花（Primula maximowizii）、点地梅（Androsace umbellata）、假抱春（Cortusa matthiolii var.pekinensis）、河朔尧花（Wikstroemia chamaedaphne）、斑叶堇菜（Viola variegata）、双花堇瞬耍（Fiola biflora）、歪头菜（Vicla unijuga）、孩儿拳头（Grevia biloba var.parviflora）、米口袋（Gueldenstaedtia verna）、石生悬钩子（Rubussaxatilis）、欧李（Prunus humilis）、匍枝委陵菜（Potentilla fragrioides）、金露梅（Dasiphora fruticosa）、多花殉子（Cotoneas florum）、灰殉子（Cotoneastera cutifolius）西北殉子（Cotoneaster zabelii）、龙牙草（Agrimonia pilosa）、梅花草（Parnassia palustris）、北京虎耳草（Saxifraga sibirica var.pekinensis）、互叶金腰（Chrysosplenium alternifolium hrysosplenium pilosum）、华北景天（Sedum tatarinowii）、紫花碎米荠（Cardamine tangutorum）、白花碎米荠（Cardamine leucantha）、硬毛南芥（Arabis hirsuta）、垂果南芥（Arabis pendula）、黄堇(Corydalis pallida）、野罂粟（Papaver nudicaule ssp. rubroaurantiaum var. chinensis）、紫堇（Corydalis bungeana）、小黄紫堇（Corydalis raddeana）、白屈菜（Chelidoniummajus）、瓣蕊唐松草（Thalictrumpetaloideum）、白头翁（Pulsatilla chinensis）、翠雀（Delphinium grandiflorum）、升麻（Cimicifuga dahurica）、华北漏斗菜（Aquile－giayabeana）、紫花耧斗菜（Aquilegia viridiflora f.atropurpurea）、耧斗菜（Aquilegia viridiflora）、银莲花（Anemone cathayensis）、小花草玉梅（Anemone rioularis var.floreminore）、类叶升麻（Actaea asiica）、牛扁(Aconitum ochranthum）、透茎冷水花（Pilea mongolica）、霞草（Gypsophila oldhamiana）、蚤缀（Arenaria juncea）、卷耳(Cerastium arvense）。

英国爱丁堡皇家植物园岩石园中部分小区中的高山植物（1984年）：拉蒙达花（Ramonda myconia）、水苏（Stachys citrina）、矮柳（Salix herbacea）、葶历一种（Draba brunifolia）、光荣石竹（Dianthus cv.Gloriosa）、洋剪秋萝（Lvchnis viscaria）、维代金老梅（Potentilla fruticosa var. vilmoriniana）、中欧山松（Pinus

mugo）、金黄叶樟子松（Pinus sylvestris cv.Aurea）、堰松（pinus pumila）、婆婆纳（Veronica sara－banda）、道格拉斯福录考（Phlox douglasiix subulata）、蜡菊（Helichrysum ledifolia）、龙胆（Gentia－nax Stevenagensis cv.FrankBarker）、云南红景天（Rhodiola yunnansis）、报春一种（Primula modesta）、喜马拉雅报春（Primula denticulata var. alata）、海滨桧（Juniperus conferta）、白珠树一种（Gaultherianum mularioides）、喜马拉雅金老梅（Potentillafruticosa var.rigida）、飞蓬（Erigeron multiradiatus）、德氏翠雀（Delphinium delavaui）、弯雌蕊杜鹃（Rhododendron campylogynum）、小叶恂子（Cotoneaster microphyllus）、威氏杜鹃（Rhododendron williams－ianum）、香柏（Thujaoccidentalis cv.Rheingold）、瑛珞柏（Junipe－rus communis）、黑点叶金丝桃（Hypericumperforatum）、矮扁柏（Chamaecyparis obtusa cv.Nana Kosteri）、拉普柳（Salix lapponica）、猩红果恂子（Cotoneaster conspicus）、金雀花（Cytisus xkewensis）、香树紫莞（Olearia odorata）、夏佛塔雪轮（Silene schafta）、染料木一种（Genista horrida）、柳杉（Cryptomeria japonica cv.Fasciata）、岩蔷薇（istus laurifolia）、绵毛柳（Salix lanata）、伯氏瑞香（Daphne xburkwoodii）、灰绿垂枝北美云杉（Picea pungens cv.Glauca Pendula）、滨藜叶枸杞恂（Lycium halimifolium）、报春叶杜鹃（Rhododendron primuliflorum）、矮生美洲花柏（Chamaecyparis lawlsoniana cv.Minima）、莫罗氏苔（Carex morrowii cv.Variegata）、肾叶高山寥（Oxyri adigyna）、染料木一种 （Genista aspalathoides）、杜松（Juniperusrigida）、欧洲栗（Casianea sativa）、春黄菊（Anthemis tinctoria）、波缘冬青（Ilex crenata var. mariesii）、心叶球花（Globularia cordifolia）、稻花一种（Pimelea prostrata）、狭叶黄芪（Astragalis angustifolius）、地中海刺芹(Eryngium bourgatii）、飞蓬一种（Erigeron mucronatus）、染料木一种（Genista pulchella）、绣线菊一种（Spiraea decumbens）、染料木一种（Genista sylvestrisvar. pungens）、刺庭荠（Alyssum spinosum）、刺花丹一种（Acantholimon echinus）、米努草一种（Minuartia stellata）、米努草一种（Minuartia rupestris）、石竹一种（Dianthus haematocalyx）、仙女木（Dryasoct opetala）、点地梅种（Androsaca lanuginosa）、白头翁一种（Pulsatillavernalis）、仙客来水仙（Narcissus cyclamineus）、龙胆一种（Gentiana septemfida）、白雪委陵菜（Potentilla nitidavar. alba）、薰衣草水苏（Stachys lavandulifolia）、白香石竹（Dianthus arenarins）、对叶虎耳草（Saxifraga appositifolia）、蜡菊一种（Helichrysum acuminatum）、高山龙胆（Gentiana alpina）、小贝母（Fritillaria meleagris）、伞形飞蓬（Eriogonum umbellatum）、琉维草一种（Lewsia cotyledon）、老鹳草一种（Geranium cinereum var. subcaulescens）、欧白头翁（Pulsatilla vulgaris）、钓钟柳（Penstemon campanulatus

var.pulchellus）。如图4—20所示。

**图4—20　岩石园中适宜栽植的植物**

## 二、岩石园实例——庐山植物园岩石园

庐山植物园地处我国著名的旅游风景区——庐山，位于中亚热带北缘，北纬29° 51 '、东经115° 59 '、海拔1 000～1 300米，年平均温度11.4℃。极端气温分别为32℃和－16.8℃，年平均降水1 929.2毫米，降水日为170天左右，云雾日195.5天，全年日照数为1 330小时左右。它四周环山、山地起伏、溪流曲折、泉水潺潺不绝，构成了多种多样的地形。庐山的气候属亚热带山地湿润季风气候，由于鄱阳湖水气影响，春夏云雾几乎终日笼罩，形成亚高山植物生长的有利条件。该园建于1934年，是中国植物学家创建的第一个用于科学研究目的的大型正规化植物园，由我国著名植物学家胡先骕、秦仁昌、陈封怀所创建。其占地4 419亩，已建成12个园区。迁地保育活植物3 400余种，已形成以松柏类植物和杜鹃花科植物为主要特色的山地园林景观，在我国名列前茅。

岩石园位于松柏区西北面的山坡上。这里腐殖质多，排水良好，向阳地势稍陡的地方有大乔木庇荫，使气候温和又阴凉，是高山、岩生植物生长的好地方。园区周围环境幽静，地形变化大。园内依山叠石，并根据不同位置种植高山、岩生植物，使之形成锦绣山谷之美感。植物主要为多年生宿根、球根观赏草本、阴生药用植物和蕨类植物及部分矮小灌木，布置精巧。表现了植物与环境的统一，形成花中有石、石中有花、花石难分的绝妙的高山植物景观。石隙间容纳的植物种类众多，加上溪涧迂回、曲径通幽，与我国古典园林中的假山石截然不同。岩石园经几次改造后，目前占地面积约1公顷。土壤肥沃湿润，小气候极佳，适合各类植物生长繁衍，特别适于高山植物定居。据不完全统计，共种植植物121科375属595种。其中苔藓植物4科4属4种，蕨类植物18科28属40种，裸子植物5科11属15种，被子植物94科332属536种。植物种类因种植环境而异。在较大岩石之侧，种植了矮生松柏类植物、常绿灌木和其他观赏植物，如紫杉、粗榧、云片柏、黄杨、常绿杜鹃等；在石隙与岩穴处，种植了书带蕨、虎耳草、景天等；在阴湿石面种植了苔醉、卷柏、斑叶兰等；在较大石隙间，种植了匍地植物和藤本植物，如铺地柏、常春藤、石松等，使其攀伏于石面上；在较小石块间隙的阴面，种植了白芨、石蒜、沙参、龙胆草、除虫菊等高山中药材。庐山植物园岩石园模仿英国爱丁堡皇家植物园岩石园建设而成，是自然式岩石园。园区依附自然山势而成，以日本柳杉、冷杉及黄山松等常绿高大乔木作全园背景。园内也适当配置了云锦杜鹃、日本香柏、构骨等常绿植物，作为高山、岩生植物的背景。同时在秋冬季作为主景弥补岩石园休眠期的萧条景观。落叶乔木主要有鸡爪槭、日本晚樱、金缕梅等观花观叶植物，增加上层植物的观赏性。

## 实训九　水生植物专类园的设计与施工

### 一、实训目的

掌握水生植物专类园的设计与施工的基本方法，学生能对简易的水生植物专类园中的水生植物进行设计与施工。

### 二、实训材料工具

制图工具数套，已做好自然式驳岸的小型坑池一个，取水轻易的水源一处，取水工具等，石块数块，手套、铁锹、铁铲，菱、莲、槐叶萍、芡实、香蒲、芦苇、苦草、金鱼藻、竹叶眼子菜等，吊锤、标线、标杆、卫生清理工具等。

### 三、实训方法步骤

（1）根据建造水生植物专类园的水坑的宽度、长度和高度，计算出所蓄水的最高和最低水位，设计出目前适宜的水位高度，并备好取水轻易的水源。

（2）根据坑池的表面积、底面积和水的总体积，设计出种植施工平面图、立面图。

水生植物间的搭配简图如下：

水面以下水生植物配植

1—五针金鱼藻 2—金鱼藻 3—黑藻 4—小茨藻 5—苦草 6—苦草 7—竹叶眼子菜 8—光叶眼子菜 9—龙须眼子菜 10—菹草 11—狐尾藻 12—大茨藻

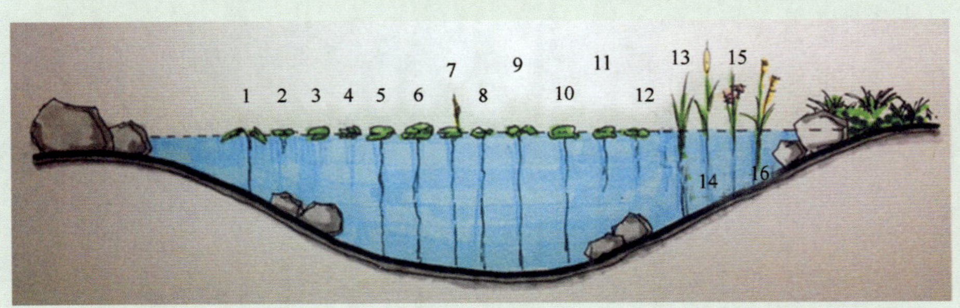


水面以上水生植物配植

1—慈姑 2—紫萍 3—水鳖 4—槐叶萍 5—莲 6—芡实 7—两栖蓼 8—荼菱 9—菱 10—睡莲 11—荇菜 12—青萍 13—菰 14—香蒲 15—花蔺 16—芦苇

（3）根据施工图先进行水底层种植，然后依次向岸边扩展，再从水岸底层依次向水岸上方种植，边种边压实，有的水生植物还可以用缸或盆种植后，再放置到水下。

（4）根据所种植的水生植物的需要，逐渐向池塘中注水，随着水生植物的种植结束，注水量最后达到设计的水位高度。

（5）在水岸的适当处，还可以放置大小不等的石块，一方面固定驳岸，另一方面也可美化水岸景观，为水生植物专类园增添景致、情趣。

（6）最后，进行卫生清理、工具和物料等的收放工作。

# 实训十　墙园式岩石园的设计与施工

## 一、实训目的

掌握墙园式岩石园的设计与施工的基本方法，学生能对简易的墙园式岩石园进行设计与施工。

## 二、实训材料工具

制图工具数套，小型的石灰岩石、碎砖、碎石，配有粗砂砾、腐叶土、骨粉及其他腐殖质的土壤，常春藤、鸭跖草、沿阶草、石菖蒲、蝴蝶花、马蔺、红花酢浆草、金银花、地锦、薜荔、何首乌，手套、铁锹、铁铲、吊锤、标线、标杆、洒水壶、卫生清理工具等。

## 三、实训方法步骤

（1）根据建造墙园式岩石园的宽度、长度和高度，设计墙园式岩石园的施工平面图、立面图、种植施工图。平面、立面样图如下。

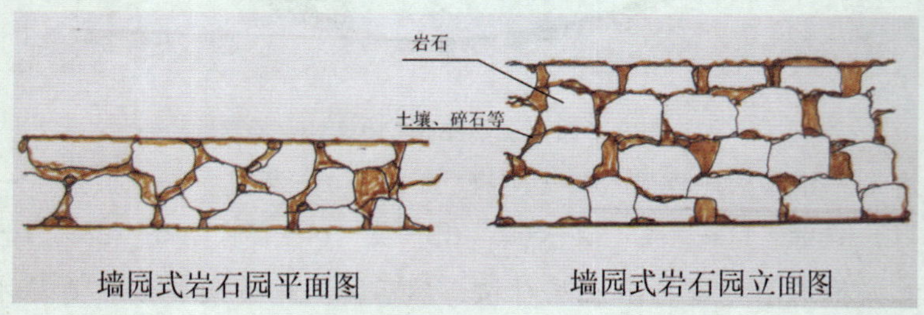


墙园式岩石园平面图　　墙园式岩石园立面图

（2）如果建造墙园式岩石园的墙高超过1.5米时，需做40厘米深基础，而矮墙则在地面直接垒起即可。先根据所做墙的长度、宽度、高度放好标线、标杆，从地面叠放岩石、碎石、碎砖及土壤，慢慢垒起。

建造墙园式岩石园需注意墙面不宜垂直，面要向护土方向倾斜，石块插入土壤固定，也要由外向内稍朝下倾斜，以便承接雨水，使岩石缝里保持足够的水分供植物生长。石块之间的缝隙不宜过大，并用肥土填实，竖直方向的缝隙要错开，不能直上直下，以免土壤冲刷及墙面不坚固。

（3）在墙体施工中，及时栽种墙体侧面植物，最后在墙体顶面种植设计好的植物种类。如植物量较少、易于栽种时，也可以在墙体施工完成后，再在预留的种

植穴中种植植物。

（4）施工完成后，对新栽植物适当进行浇水和修剪。浇水时注意防止水土流失，水量不宜过多。修剪时要根据不同植物的习性和生长特点，分别进行修剪。

（5）最后，进行卫生清理、工具物料等的收放工作。

## 思考与练习

1. 简述花卉专类园的概念。
2. 花卉专类园常见的类型有哪些?
3. 简述花卉专类园的特点和设计要点。
4. 简述岩石园的概念。
5. 简述岩石园的常见类型。
6. 试述自然式岩石园设计与施工的要点。